점프 왕수학

최상위 5%
도약을 위한

수학

최상위

대한민국 수학학력평가의 새로운 기준!!

KMA
한국수학학력평가

| **시험일자** 상반기 | 매년 6월 셋째주
　　　　　　하반기 | 매년 11월 셋째주

| **응시대상** 초등 1년 ~ 중등 3년 (미취학생 및 상급학년 응시 가능)

| **응시방법** KMA 홈페이지 접수 또는 각 지역별 학원접수처 방문 접수
성적우수자 특전 및 시상 내역 등 기타 자세한 사항은 KMA 홈페이지를 참조하세요.

홈페이지 바로가기
(www.kma-e.com)

▶ 본 평가는 100% 오프라인 평가입니다.

주최 | 한국수학학력평가연구원　　　　주관 | ▼(주)에듀왕

JUMP
점프왕수학

최상위

5·2

구성과 특징

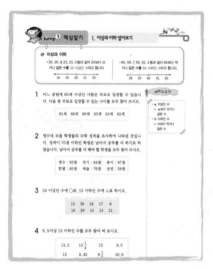

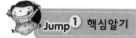

Jump 1 핵심알기

단원의 핵심 내용을 요약한 뒤 각 단원에 직접 연관된 정통적인 문제와 기본 원리를 묻는 문제들로 구성하고 'Jump 도우미'를 주어 기초를 확실하게 다지도록 하였습니다.

Jump 2 핵심응용하기

단원의 대표 유형 문제를 뽑아 풀이에 맞게 풀어 본 후, 확인 문제로 대표적인 유형을 확실하게 정복할 수 있도록 하였습니다.

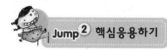

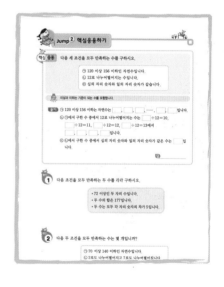

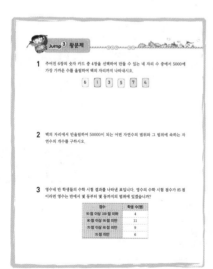

Jump 3 왕문제

교과 내용 또는 교과서 밖에서 다루어지는 새로운 유형의 문제들을 폭넓게 다루어 교내의 각종 고사 및 경시대회에 대비하도록 하였습니다.

Jump④ 왕중왕문제

1 주어진 6장의 숫자 카드를 모두 사용하여 60만에 가장 가까운 여섯 자리 수를 만들었습니다. 만든 수를 반올림하여 천의 자리까지 나타내시오.

0 1 8 5 6 9

2 백의 자리에서 반올림하면 678000이 되는 자연수의 개수와 십의 자리에서 반올림하면 677500이 되는 자연수의 개수의 차를 구하시오.

3 규형이네 학교 5학년 학생이 14명씩 모둠을 만들면 9명이 남고 16명씩 모둠을 만들면 3명이 모자랍니다. 학생 수의 범위가 200명 이상 230명 이하일 때, 규형이네 학교 5학년 학생은 몇 명입니까?

Jump④ 왕중왕문제

국내 최고 수준의 고난이도 문제들 특히 문제해결력 수준을 평가할 수 있는 양질의 문제만을 엄선하여 전국 경시대회, 세계수학올림피아드 등 수준 높은 대회에 나가서도 두려움 없이 문제를 풀 수 있게 하였습니다.

Jump⑤ 영재교육원 입시대비문제

영재교육원 입시에 대한 기출문제를 비교 분석한 후 꼭 필요한 문제들을 정리하여 풀어 봄으로써 실전과 같은 연습을 통해 학생들의 창의적 사고력을 향상시켜 실제 문제에 대비할 수 있게 하였습니다.

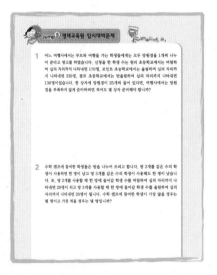

Jump⑤ 영재교육원 입시대비문제

1 어느 여행사에서는 부모와 여행을 가는 학생들에게는 모두 방원경을 1개씩 나누어 준다고 광고를 하였습니다. 신청을 한 학생 수는 원티 초등학교에서는 버림하여 십의 자리까지 나타내면 170명, 포인트 초등학교에서는 올림하여 십의 자리까지 나타내면 230명, 점프 초등학교에서는 반올림하여 십의 자리까지 나타내면 130명이었습니다. 한 상자에 방원경이 25개씩 들어 있다면, 여행사에서는 방원경을 부족하지 않게 준비하려면 적어도 몇 상자 준비해야 합니까?

2 수학 캠프에 참여한 학생들은 방을 나누어 쓰려고 합니다. 방 2개를 같은 수의 학생이 사용하면 한 명이 남고 방 3개를 같은 수의 학생이 사용해도 한 명이 남습니다. 또, 방 2개를 사용할 때 한 방에 들어갈 학생 수를 버림하여 십의 자리까지 나타내면 20명이 되고 방 3개를 사용할 때 한 방에 들어갈 학생 수를 올림하여 십의 자리까지 나타내면 20명이 됩니다. 수학 캠프에 참여한 학생이 가장 많을 경우는 몇 명이고 가장 적을 경우는 몇 명입니까?

1. 이 책은 최근 11년 동안 연속하여 전국 수학 경시대회 대상 수상자를 지도 배출한 박명전 선생님이 집필하였습니다. 세계적인 기록이 될만큼 많은 수학왕을 키워온 박 선생님의 점프 왕수학은 각종 시험 및 경시대회를 준비하는 예비 수학왕들의 필독서입니다.

2. 문제 해결 과정을 통해 원리와 개념을 이해하고 교과서 수준의 문제뿐만 아니라 사고력과 창의력을 필요로 하는 새로운 경향의 문제들까지 폭넓게 다루었습니다.

3. 교육과정 개정에 맞게 교재를 구성했으며 단계별 학습이 가능하도록 하였습니다.

차례

1 수의 범위와 어림하기

이야기 수학

❋ 측정한 값은 어림한 값

영수의 몸무게는 42 kg

한솔이네 밭의 넓이는 900 m²

오늘의 날씨는 23 ℃

병에 들어가는 물의 양은 1 L

위와 같은 단위들은 우리 생활에서 자주 사용되는 단위들입니다.

그러나 정확한 참값을 나타낸 것은 없습니다. 왜냐하면 재는 사람에 따라, 혹은 재는 기구에 따라서 다른 값이 나오기 때문입니다. 측정하여 구한 값은 모두가 어림하여 나타낸 것입니다.

📀 이상과 이하

• 20, 20.8, 23, 23.3 등과 같이 20보다 크거나 같은 수를 20 이상인 수라고 합니다. 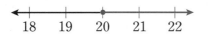	• 60, 59.7, 56, 55.2 등과 같이 60보다 작거나 같은 수를 60 이하인 수라고 합니다. 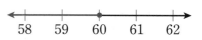

Jump 도우미

- ▲ 이상인 수
  ➡ ▲보다 크거나
     같은 수
- ● 이하인 수
  ➡ ●보다 작거나
     같은 수

1 어느 공원에 65세 이상인 사람은 무료로 입장할 수 있습니다. 다음 중 무료로 입장할 수 있는 나이를 모두 찾아 쓰시오.

> 61세　68세　60세　65세　63세　62세

2 영수네 모둠 학생들의 수학 성적을 조사하여 나타낸 것입니다. 성적이 70점 이하인 학생은 남아서 공부를 더 하기로 하였습니다. 남아서 공부를 더 해야 할 학생을 모두 찾아 쓰시오.

> 영수 : 93점　석기 : 64점　웅이 : 87점
> 한별 : 85점　예슬 : 76점　상연 : 58점

3 24 이상인 수에 ○표, 15 이하인 수에 △표 하시오.

> 12　20　24　17　8
> 16　29　10　13　21

4 9.5 이상 13 이하인 수를 모두 찾아 써 보시오.

> 13.2　　$12\frac{1}{4}$　　12　　9.5
>
> 13　　6.42　　$8\frac{1}{5}$　　20.6

Jump 2 핵심응용하기

 핵심 응용 다음 세 조건을 모두 만족하는 수를 구하시오.

> ㉠ 120 이상 156 이하인 자연수입니다.
> ㉡ 12로 나누어떨어지는 수입니다.
> ㉢ 십의 자리 숫자와 일의 자리 숫자가 같습니다.

생각 열기 이상과 이하는 기준이 되는 수를 포함합니다.

풀이 ㉠ 120 이상 156 이하는 자연수는 ☐, ☐, ☐, ……, ☐, ☐ 입니다.

㉡ ㉠에서 구한 수 중에서 12로 나누어떨어지는 수는 ☐÷12=10,

☐÷12=11, ☐÷12=12, ☐÷12=13에서

☐, ☐, ☐, ☐ 입니다.

㉢ ㉡에서 구한 수 중에서 십의 자리 숫자와 일의 자리 숫자가 같은 수는 ☐입니다.

답 _____

 확인 1 다음 조건을 모두 만족하는 두 수를 각각 구하시오.

> • 72 이상인 두 자리 수입니다.
> • 두 수의 합은 177입니다.
> • 두 수는 모두 각 자리 숫자의 차가 5입니다.

 확인 2 다음 두 조건을 모두 만족하는 수는 몇 개입니까?

> ㉠ 70 이상 140 이하인 자연수입니다.
> ㉡ 2로도 나누어떨어지고 7로도 나누어떨어집니다.

🏀 초과와 미만

• 120.5, 123, 126, 127.2 등과 같이 120 보다 큰 수를 120 초과인 수라고 합니다.

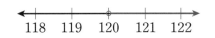

• 148, 149.7, 152, 154.8 등과 같이 155 보다 작은 수를 155 미만인 수라고 합니다.

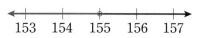

Jump 도우미

• ■ 초과인 수
 ➡ ■ 보다 큰 수
• ★ 미만인 수
 ➡ ★ 보다 작은 수

1 □ 안에 공통으로 들어갈 자연수는 얼마입니까?

> 4 초과인 수 중에서 가장 작은 수는 □이고, 6 미만인 수 중에서 가장 큰 수는 □입니다.

🌿 수를 보고 물음에 답하시오. [2~3]

> 35   36.8   37   38   39.2   40   41

2 38 초과인 수는 모두 몇 개입니까?

3 37 미만인 수를 모두 써 보시오.

4 $\frac{1}{5}$ 초과인 수를 모두 찾아 써 보시오.

> $\frac{1}{2}$ $\frac{1}{3}$ $\frac{1}{4}$ $\frac{1}{5}$ $\frac{1}{6}$ $\frac{1}{7}$

5 주어진 두 조건을 만족하는 자연수를 모두 써 보시오.

> • 13 초과 18 이하인 수
> • 11 이상 16 미만인 수

핵심 응용

가 택시의 요금은 2 km 이하까지는 3800원이고 2 km를 초과하면 132 m에 100원씩 추가됩니다. 나 택시의 요금은 3 km 이하까지는 6500원이고 3 km 를 초과하면 151 m에 200원씩 추가됩니다. 4 km 200 m를 가려고 할 때, 어느 택시를 타고 가는 것의 요금이 얼마나 더 적습니까?

생각 열기 초과는 기준점이 포함되지 않습니다.

풀이 가 택시를 탔을 때의 요금은 2 km를 초과한 거리가 2 km 200 m이고

□ m÷132 m=□···□ 이므로 □+100×□=□ (원)입니다.

나 택시를 탔을 때의 요금은 3 km를 초과한 거리가 1 km 200 m이고

□ m÷151 m=□···□ 이므로 □+200×□=□ (원)입니다.

따라서 □ 택시를 타고 가는 것의 요금이 □−□=□ (원) 더 적습니다.

 답 _____

1 다음 조건을 만족하는 자연수 ㉮와 ㉯의 합을 구하시오.

> ㉠ 17 초과 ㉮ 이하인 자연수는 모두 15개입니다.
> ㉡ ㉯ 이상 56 미만인 자연수는 모두 22개입니다.

2 6명이 앉을 수 있는 의자가 있습니다. 상연이네 학교 학생들이 모두 의자에 앉으려 면 의자가 모두 130개 필요합니다. 상연이네 학교 학생 수는 몇 명 초과 몇 명 이 하입니까?

3 주어진 5장의 숫자 카드 중 2장을 선택하여 만들 수 있는 두 자리 수 중에서 57 미 만이면서 4로 나누어떨어지는 수는 모두 몇 개입니까?

    8

수의 범위

• 1 이상 4 이하인 수

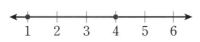

• 5 이상 8 미만인 수

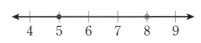

• 8 초과 11 이하인 수

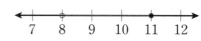

• 7 초과 10 미만인 수

수의 범위가 실생활에 이용되는 예

• 이상 ➡ 이 놀이기구를 타려면 키 130 cm 이상이어야 합니다.
• 이하 ➡ 이 엘리베이터의 정원은 900 kg 이하나 15명 이하입니다.
• 초과 ➡ 이 영화관은 7세 초과부터 요금을 내야 합니다.
• 미만 ➡ 3세 미만의 어린이는 무료 입장입니다.

 편지의 무게별 요금을 나타낸 표입니다. 물음에 답하시오. [1~3]

Jump 도우미

이상과 이하는 기준값이 포함되지만 초과와 미만은 기준값이 포함되지 않습니다.

편지의 무게별 요금

무게(g)	보통 우편	빠른 우편
5 이하	270원	2200원
5 초과 25 이하	300원	2230원
25 초과 50 이하	320원	2250원

1 한솔이가 편지를 보통 우편으로 보냈더니 요금이 300원이었습니다. 한솔이가 보낸 편지의 무게가 속하는 범위를 쓰시오.

2 무게가 27 g인 편지를 빠른 우편으로 보내려고 합니다. 요금은 얼마입니까?

3 무게가 각각 5 g, 25 g인 편지를 보통 우편으로 보내려고 합니다. 요금은 모두 얼마입니까?

핵심 응용 오른쪽 표는 가정용 상수도 사용 요금을 나타낸 것입니다. 5월에 37000 L를 사용하고 6월에는 5월보다 8000 L 더 사용했다면, 두 달 동안 사용한 상수도 요금은 모두 얼마입니까?

상수도 사용 요금표

사용량 구분(L)	1000 L 당 가격
30000 이하	450원
30000 초과 40000 이하	720원
40000 초과 50000 이하	820원
50000 초과	950원

 6월에 사용한 상수도량을 생각해 봅니다.

풀이 5월에 사용한 상수도 요금은 $30 \times \boxed{} + 7 \times \boxed{} = \boxed{}$ (원)입니다.

6월에 사용한 상수도량은 $37000 + \boxed{} = \boxed{}$ (L)이므로 6월에

사용한 상수도 요금은 $30 \times \boxed{} + 10 \times \boxed{} + 5 \times \boxed{} = \boxed{}$ (원)입니다.

따라서 5월과 6월 두 달 동안 사용한 상수도 요금은 $\boxed{} + \boxed{} = \boxed{}$ (원)

입니다.

답 _____

---

1 효근이네 가족은 14살인 효근, 26개월인 동생, 아버지, 어머니, 67세이신 할머니까지 모두 5명입니다. 효근이네 가족 모두가 온천에 간다면, 성수기 때의 요금은 비수기 때의 요금보다 얼마나 더 비쌉니까?

온천 요금표

구분	성수기	비수기	비고
어른	8000원	7000원	24개월 미만 65세 이상은 무료입장
청소년	6000원	4000원	
어린이	3000원	1000원	

• 어린이 : 24개월 이상~14살 미만 • 청소년 : 14살 이상~19살 미만

---

2 어느 권투 선수의 몸무게는 58.4 kg입니다. 이 권투 선수가 두 체급을 낮춰서 경기에 나가려면, 몇 kg을 감량해야 하는지 초과와 이하를 사용하여 범위로 나타내시오.

권투 체급별 몸무게

체급	몸무게(kg)
밴텀급	51 kg 이상 54 kg 미만
페더급	54 kg 이상 57 kg 미만
라이트급	57 kg 이상 60 kg 미만
라이트 웰터급	60 kg 이상 63.5 kg 미만

🏀 올림

구하려는 자리 아래 수를 올려서 나타내는 방법입니다.

1231 →
- → 1240 (십의 자리 아래 수를 올림)
- → 1300 (백의 자리 아래 수를 올림)
- ↘ 2000 (천의 자리 아래 수를 올림)

🏀 버림

구하려는 자리 아래 수를 버려서 나타내는 방법입니다.

5679 →
- → 5670 (십의 자리 아래 수를 버림)
- → 5600 (백의 자리 아래 수를 버림)
- ↘ 5000 (천의 자리 아래 수를 버림)

1 백의 자리 아래 수를 올림하여 나타낸 수가 2300이 아닌 것을 찾아 기호를 쓰시오.

> ㉠ 2271 　　㉡ 2218
> ㉢ 2300 　　㉣ 2200

⚡ 구하려는 자리의 아래 수가 모두 0이면 그대로 씁니다.

2 천의 자리 아래 수를 버림하여 나타낸 수가 3000이 되는 수에 ○표 하시오.

> 4152 　 2756 　 3054 　 4048

3 문구점에서 포장용 끈을 50 cm 단위로만 판다고 합니다. 선물 상자 1개를 포장하는 데 57 cm의 끈이 필요할 때 선물 상자 4개를 포장하려면, 몇 cm의 끈을 사야 합니까?

4 꽃 1송이를 만드는 데 20 cm의 색 테이프가 필요합니다. 색 테이프 116 cm로는 몇 송이의 꽃을 만들 수 있습니까?

5 과수원에서 사과를 한 상자에 100개씩 넣어 팔려고 합니다. 사과를 모두 5312개 땄다면, 사과를 100개씩 넣은 상자를 몇 상자 만들어 팔 수 있습니까?

핵심 응용

공장에서 지난 해에 생산한 모자 수를 올림하여 백의 자리까지 나타내면 7600 개이고 올해 생산한 모자 수를 버림하여 백의 자리까지 나타내면 7200개입니다. 지난 해와 올해 생산한 모자 수의 차가 가장 작은 경우는 몇 개입니까?

생각열기 지난 해와 올해 생산한 모자 수가 될 수 있는 수의 범위를 생각해 봅니다.

풀이 지난 해 생산한 모자 수를 올림하여 백의 자리까지 나타내면 7600개이므로

수의 범위는 ▢▢▢ 개부터 ▢▢▢ 개까지입니다.

올해 생산한 모자 수를 버림하여 백의 자리까지 나타내면 7200개이므로

수의 범위는 ▢▢▢ 개부터 ▢▢▢ 개까지입니다.

따라서 지난 해와 올해 생산한 모자 수의 차가 가장 작은 경우는

▢▢▢ - ▢▢▢ = ▢▢▢ (개)입니다.

답 _____

1 가영이 아버지는 지난 해 벼농사를 지어 쌀 7625 kg을 수확했습니다. 이 쌀을 최대 80 kg까지 담을 수 있는 자루에 담으려고 합니다. 쌀을 모두 담으려면 자루는 적어도 몇 개가 필요합니까?

2 어떤 자연수 가와 나가 있습니다. 가를 올림하여 천의 자리까지 나타내면 35000, 나를 버림하여 천의 자리까지 나타내면 42000일 때, 가와 나의 차가 될 수 있는 것 중 가장 큰 경우는 얼마입니까?

3 어떤 자연수를 버림하여 천의 자리까지 나타내었더니 7000이 되었습니다. 어떤 자연수가 될 수 있는 수 중에서 두 번째로 큰 수와 두 번째로 작은 수의 차를 구하시오.

◉ 반올림

구하려는 자리 바로 아래 자리의 숫자가 0, 1, 2, 3, 4이면 버리고, 5, 6, 7, 8, 9이면 올리는 방법입니다.

• 반올림하여 백의 자리까지 나타내기
  (십의 자리에서 반올림합니다.)
  167 ➡ 6>5이므로 200
  5839 ➡ 3<5이므로 5800
  4652 ➡ 5=5이므로 4700

• 백의 자리에서 반올림하여 나타내기
  2635 ➡ 6>5이므로 3000
  4500 ➡ 5=5이므로 5000
  15387 ➡ 3<5이므로 15000

1 다음 수를 반올림하여 나타내었더니 24000이 되었습니다. 어느 자리에서 반올림한 것입니까?

23518

2 백의 자리 아래 수를 올림하거나 십의 자리에서 반올림하여 나타내었을 때, 그 수가 같아지는 수에 ○표 하시오.

3724　5610　4568　2749

3 한초는 10원짜리 동전 584개를 모았습니다. 반올림하여 천의 자리까지 나타내면, 한초는 약 얼마를 모은 것입니까?

4 석기가 사는 도시의 인구는 204896명입니다. 반올림하면 약 몇만 명입니까?

④ 반올림하여 만의 자리까지 나타냅니다.

5 가영이네 반 학생 수는 반올림하여 십의 자리까지 나타내면 30명입니다. 가영이네 반 학생들에게 공책을 각각 3권씩 나누어 주려면, 공책을 최대 몇 권 준비해야 합니까?

⑤ 먼저 반올림하여 십의 자리까지 나타낸 수가 30이 되는 수를 생각해 봅니다.

핵심 응용

제과점에서 빵을 한 봉지에 최대 4개까지 담습니다. 오늘 만든 빵의 수를 일의 자리에서 반올림하여 나타내었더니 450개, 십의 자리 아래 수를 버림하여 나타내었더니 450개였습니다. 오늘 만든 빵을 남김없이 모두 봉지에 담으려면, 봉지는 적어도 몇 개를 준비해야 합니까?

생각열기 일의 자리에서 반올림, 십의 자리 아래 수를 버림하여 450이 되는 수를 생각해 봅니다.

풀이 일의 자리에서 반올림하여 450개가 되는 수는 ☐ 개부터 ☐ 개까지이고

십의 자리 아래 수를 버림하여 450개가 되는 수는 ☐ 개부터 ☐ 개까지이므로

두 조건을 만족하는 수는 ☐ 개부터 ☐ 개까지입니다.

따라서 빵의 수가 가장 많을 때는 ☐ 개이고 ☐ $\div 4 =$ ☐ $\cdots$ ☐ 이므로

봉지는 적어도 ☐ 개를 준비해야 합니다.

답 _____

1 놀이동산의 입장객 수를 일의 자리에서 반올림하여 나타내면 3250명입니다. 풍선 3250개를 준비하여 입장객 한 사람에게 1개씩 나누어 주려고 합니다. 풍선이 남는다면, 최대 몇 개가 남겠습니까?

2 어떤 수에 12를 곱한 수를 십의 자리에서 반올림하여 나타내었더니 1200이 되었습니다. 어떤 수가 될 수 있는 자연수 중에서 네 번째로 작은 수를 구하시오.

3 오른쪽 표는 예슬이네 학교의 학생 수를 어림하여 십의 자리까지 나타낸 것입니다. 학생들이 불우 이웃 돕기 성금으로 700원씩 모금을 한다면, 적어도 얼마의 돈을 모을 수 있습니까?

예슬이네 학교의 학생 수

올림	버림	반올림
760명	750명	760명

1 주어진 6장의 숫자 카드 중 4장을 선택하여 만들 수 있는 네 자리 수 중에서 5000에 가장 가까운 수를 올림하여 백의 자리까지 나타내시오.

2 백의 자리에서 반올림하여 50000이 되는 어떤 자연수의 범위와 그 범위에 속하는 자연수의 개수를 구하시오.

3 영수네 반 학생들의 수학 시험 결과를 나타낸 표입니다. 영수의 수학 시험 점수가 85점이라면 영수는 반에서 몇 등부터 몇 등까지의 범위에 있겠습니까?

점수	학생 수(명)
90점 이상 100점 이하	4
80점 이상 90점 미만	11
70점 이상 80점 미만	9
70점 미만	6

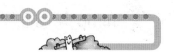

4 서로 다른 주사위 3개를 동시에 던져서 나온 눈의 수로 세 자리 수를 만들었습니다. 십의 자리에서 반올림하여 400이 되는 수는 일의 자리에서 반올림하여 230이 되는 수보다 몇 개 더 많습니까?

5 한별이네 학교의 전체 학생 수는 624명입니다. 개교기념일에 전체 학생들에게 연필을 5자루씩 나누어 주려고 합니다. 반올림하여 백의 자리까지 나타낸 학생 수에 나누어 줄만큼 연필을 준비하면, 몇 자루가 부족하겠습니까?

6 오른쪽 표는 가영이가 흰색, 빨간색 주사위를 동시에 던져 나온 두 눈의 수의 횟수를 나타낸 것입니다. 두 주사위를 동시에 던진 횟수가 50회일 때, 나온 두 눈의 수의 합이 5 이상 10 미만이 된 횟수는 전체 횟수에 대하여 얼마인지 분수로 나타내시오.

빨간색 흰색	1	2	3	4	5	6
1	2	1	1	1	2	1
2	2	1	2	3	2	1
3		1		4	1	1
4		1	2	2	2	1
5	4	2	1		2	
6	1	1	2		1	2

7 어떤 자연수를 십의 자리에서 반올림하여 나타내면 42900이고 일의 자리에서 반올림하여 나타내면 42850입니다. 어떤 자연수의 십의 자리 숫자와 백의 자리 숫자를 각각 구하시오.

8 일의 자리 숫자가 7, 소수 둘째 자리 숫자가 3인 소수 중에서 7.6 미만인 소수 두 자리 수는 모두 몇 개입니까?

9 천의 자리 숫자와 백의 자리 숫자가 지워진 다섯 자리 수가 있습니다. 이 수를 올림하였더니 24800이 되었다면 이 수는 무엇입니까?

2☐☐09

10 상연이네 가족 6명이 놀이공원에 갔습니다. 연세가 72살인 할아버지, 69살인 할머니, 45살인 아버지, 42살인 어머니, 15살인 누나, 11살인 상연이가 입장료로 내야하는 돈은 모두 얼마인지 표를 보고 구하시오.

놀이공원 입장료

나이	15살 미만	15살 이상 60살 미만	60살 이상
입장료	3000원	5000원	2000원

11 가영이네 학교의 남학생 수는 십의 자리에서 반올림하여 나타내면 500명이고, 여학생 수는 올림하여 백의 자리까지 나타내면 500명입니다. 가영이네 학교의 남학생 수와 여학생 수의 차는 최대 몇 명입니까?

12 다음 네 자리 수를 올림하여 백의 자리까지 나타낸 수와 반올림하여 백의 자리까지 나타낸 수는 같습니다. ☐ 안에 들어갈 수 있는 숫자들의 합은 얼마입니까?

76☐3

13 나타내는 수가 가장 큰 것부터 차례대로 기호를 쓰시오.

> ㉠ 한 대에 43명까지 탈 수 있는 버스에 4867명이 모두 탈 때, 필요한 버스의 대수
>
> ㉡ 연필 1745자루를 한 타씩 묶어서 팔 때, 팔 수 있는 타의 수
>
> ㉢ 반올림하여 십의 자리까지 나타내면 130, 버림하여 십의 자리까지 나타내면 130이 되는 수 중 가장 큰 자연수
>
> ㉣ 벽돌을 한 번에 최대 10장씩 나를 수 있을 때, 1078장의 벽돌을 나르는데 필요한 최소 횟수

14 어떤 자연수와 80의 합을 일의 자리에서 반올림하면 510이 됩니다. 어떤 자연수가 될 수 있는 수 중에서 가장 작은 수를 올림하여 백의 자리까지 나타내시오.

15 오른쪽 그래프는 통화시간에 따른 전화 요금을 나타낸 것입니다. 한 달 동안의 통화시간이 1시간일 때, 전화 요금은 얼마입니까?

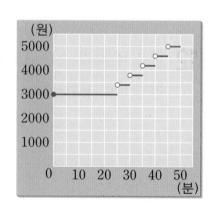

16 신영이네 학교 5학년 학생들이 한 대에 45명의 학생을 태울 수 있는 버스를 타고 현장 학습을 가려고 합니다. 5학년 학생 모두 버스에 타려면 버스가 4대 필요합니다. 5학년 의 학급 수가 6학급이고 각 학급의 학생 수가 모두 같을 때, 5학년 한 반의 학생 수는 몇 명부터 몇 명까지 될 수 있습니까?

17 상연이네 학교에서는 불우 이웃을 돕기 위해 965 kg의 쌀을 모았습니다. 이 쌀을 80 kg씩 자루에 담아 한 자루에 18만 원씩 팔았습니다. 쌀을 팔아서 생긴 돈으로 한 사람당 10만 원씩 도와 준다면, 모두 몇 명까지 도와 줄 수 있습니까?

18 어떤 소수 한 자리 수에 0.3을 더한 수를 소수 첫째 자리에서 반올림하면 56이 됩니 다. 어떤 수의 범위를 이상과 미만을 사용하여 나타내시오.

Jump 4 왕중왕문제

1 주어진 6장의 숫자 카드를 모두 사용하여 60만에 가장 가까운 여섯 자리 수를 만들었습니다. 만든 수를 반올림하여 천의 자리까지 나타내시오.

2 백의 자리에서 반올림하면 678000이 되는 자연수의 개수와 십의 자리에서 반올림하면 677500이 되는 자연수의 개수의 차를 구하시오.

3 규형이네 학교 5학년 학생이 14명씩 모둠을 만들면 9명이 남고 16명씩 모둠을 만들면 3명이 모자랍니다. 학생 수의 범위가 200명 이상 230명 이하일 때, 규형이네 학교 5학년 학생은 몇 명입니까?

4 어떤 수를 버림하여 백의 자리까지 나타내면 4500, 올림하여 백의 자리까지 나타내면 4600, 반올림하여 백의 자리까지 나타내면 4500입니다. 어떤 수가 될 수 있는 자연수는 모두 몇 개입니까?

5 어느 마을의 남학생 수를 올림하여 십의 자리까지 나타내면 860명이고 여학생 수를 버림하여 십의 자리까지 나타내면 820명입니다. 이 마을의 학생들에게 연필을 3자루씩 나누어 주려면, 적어도 연필을 몇 타 준비해야 합니까?

6 한초의 통장에 있는 돈은 반올림하여 백의 자리까지 나타내면 25000원이고 영수의 통장에 있는 돈은 반올림하여 천의 자리까지 나타내면 18000원입니다. 한초와 영수 두 사람의 통장에 있는 돈의 차는 최대 얼마이고, 최소 얼마입니까?

7 네 자리 수 가와 나가 있습니다. 가는 올림하여 백의 자리까지 나타내고 나는 버림하여 백의 자리까지 나타내었더니 어림한 두 수의 합은 5800, 차는 600이었습니다. 가와 나가 될 수 있는 수 중에서 가장 큰 수를 각각 구하시오. (단, 가>나)

8 만의 자리 숫자, 천의 자리 숫자, 백의 자리 숫자가 지워진 다섯 자리 수가 있습니다. 이 수를 반올림하여 나타내면 28000, 올림하여 나타내면 29000입니다. 이 수가 될 수 있는 수 중에서 가장 큰 수를 구하시오.

□□□□03

9 상연이네 학교 5학년 학생들이 모두 긴 의자에 앉으려고 합니다. 한 의자에 4명씩 앉으려면 의자는 56개가 필요하고, 6명씩 앉으려면 의자는 37개가 필요합니다. 상연이네 학교 5학년 학생 수가 될 수 있는 경우를 모두 구하시오.

10 다음은 한별이가 읽은 동화책의 쪽수를 요일별로 나타낸 것입니다. 6일 동안 읽은 동화책의 쪽수의 합을 일의 자리에서 반올림하면 400쪽일 때, 빈칸에 들어갈 수의 범위를 초과와 이하를 사용하여 나타내시오.

요일	월	화	수	목	금	토
읽은 쪽수(쪽)	54	68	76		47	82

11 주어진 숫자 카드를 모두 사용하여 만든 여섯 자리 수 중에서 반올림하여 만의 자리까지 나타내면 640000이 되는 수는 모두 몇 개입니까?

12 영수네 학교 학생과 가영이네 학교 학생이 축구 경기를 응원하기 위해 모두 모였습니다. 영수네 학교 학생 수는 반올림하여 백의 자리까지 나타내면 700명이고 가영이네 학교 학생 수는 버림하여 백의 자리까지 나타내면 600명입니다. 응원하는 학생들에게 빵을 한 개씩 주기 위해 빵을 1300개 준비하였다면, 남을 경우 최대 몇 개가 남고 부족할 경우 최대 몇 개가 부족하겠습니까?

13 석기, 효근, 가영 세 사람이 어떤 다섯 자리 자연수를 올림, 버림, 반올림 중 각각 다른 방법으로 어림하여 나타낸 것입니다. 어떤 수가 될 수 있는 수 중에서 가장 작은 수는 얼마입니까?

	석기	효근	가영
천의 자리까지 나타냄	13000	14000	13000
백의 자리까지 나타냄	13300	13300	13200

14 어느 공원의 입장료는 1000원입니다. 단체 입장객 수가 20명 초과일 때는 초과인 사람에 대해서는 100원을 할인해 주고 50명 초과일 때는 초과인 사람에 대해서는 50원을 더 할인해 줍니다. 어떤 단체의 입장료가 89500원일 때 이 단체는 몇 명이 입장하겠습니까?

15 상연이는 집에서 4080 m 떨어진 영화관까지 택시를 타고 가려고 합니다. 택시 요금이 다음과 같을 때 택시 요금으로 얼마를 내야 합니까?

> **택시 요금**
> • 처음 2 km 이하의 거리는 3800원입니다.
> • 2 km 초과인 경우 135 m를 지날 때마다 100원씩 추가됩니다.
>   (단, 택시 요금은 2 km를 초과하는 동시에 100원이 추가됩니다.)

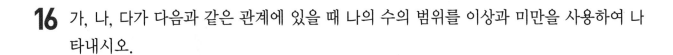
16 가, 나, 다가 다음과 같은 관계에 있을 때 나의 수의 범위를 이상과 미만을 사용하여 나타내시오.

> • 다는 420 이상 430 미만인 수입니다.
> • 가는 다보다 25 큰 수입니다.
> • 가＝나×5입니다.

17 지역별 자동차 판매량을 반올림하여 천의 자리까지 구하여 나타낸 막대그래프입니다. 가 지역과 나 지역의 판매량의 차가 가장 큰 경우의 판매량의 차를 구하시오.

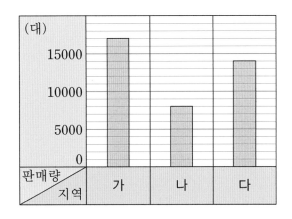

18 어머니께서 초콜릿 한 상자를 사 오셨습니다. 가영이는 동생과 나누어 가지려고 똑같이 나누었는데 한 개가 남아서 한 개는 아버지께 드리고 자기 몫을 보물 상자에 넣었습니다. 이번에는 동생이 와서 자기 몫을 가져 가려고 하는데 가영이가 가져간 것을 모르고 가영이와 똑같이 나누었는데 한 개가 남아서 한 개는 어머니께 드렸습니다. 처음에 어머니께서 사 오신 초콜릿 상자에는 초콜릿이 적어도 몇 개 들어 있었습니까?

（단, 한 상자에 들어 있는 초콜릿의 수는 100개 초과입니다.）

1 어느 여행사에서는 부모와 여행을 가는 학생들에게는 모두 망원경을 1개씩 나누어 준다고 광고를 하였습니다. 신청을 한 학생 수는 원리 초등학교에서는 버림하여 십의 자리까지 나타내면 170명, 포인트 초등학교에서는 올림하여 십의 자리까지 나타내면 230명, 점프 초등학교에서는 반올림하여 십의 자리까지 나타내면 130명이었습니다. 한 상자에 망원경이 25개씩 들어 있다면, 여행사에서는 망원경을 부족하지 않게 준비하려면 적어도 몇 상자 준비해야 합니까?

2 수학 캠프에 참여한 학생들은 방을 나누어 쓰려고 합니다. 방 2개를 같은 수의 학생이 사용하면 한 명이 남고 방 3개를 같은 수의 학생이 사용해도 한 명이 남습니다. 또, 방 2개를 사용할 때 한 방에 들어갈 학생 수를 버림하여 십의 자리까지 나타내면 20명이 되고 방 3개를 사용할 때 한 방에 들어갈 학생 수를 올림하여 십의 자리까지 나타내면 20명이 됩니다. 수학 캠프에 참여한 학생이 가장 많을 경우는 몇 명이고 가장 적을 경우는 몇 명입니까?

② 분수의 곱셈

이야기 수학

❋ 같은 분수의 곱셈도 그 의미는 다르다!

$9 \text{ cm} \times \frac{2}{3}$ 와 $9 \text{ cm} \times \frac{2}{3} \text{ cm}$의 의미는 어떻게 다를까요?

$9 \text{ cm} \times \frac{2}{3}$ 는 9 cm의 길이를 셋으로 나눈 것 중 2개를 뜻하므로 $9 \text{ cm} \times \frac{2}{3} = 6 \text{ cm}$입니다.

$9 \text{ cm} \times \frac{2}{3} \text{ cm}$는 가로가 9 cm, 세로가 $\frac{2}{3} \text{ cm}$인 직사각형의 넓이를 뜻하므로

$9 \text{ cm} \times \frac{2}{3} \text{ cm} = 6 \text{ cm}^2$입니다.

이렇게 같은 분수를 곱하더라도 그 곱은 다른 의미를 가지고 있습니다. 놀랍게도 3세기경 중국의 「구장 산술」이라는 책에는 이미 길이와 넓이를 나타낼 때, 분수가 쓰여지고 있었습니다.

단위분수와 자연수의 곱셈

• $\frac{1}{4} \times 3$을 계산하는 방법

단위분수의 분자와 자연수를 곱하여 계산합니다.

$$\frac{1}{4} \times 3 = \frac{1}{4} + \frac{1}{4} + \frac{1}{4} = \frac{1 \times 3}{4} = \frac{3}{4}$$

진분수와 자연수의 곱셈

• $\frac{4}{9} \times 6$을 계산하는 방법

분모와 자연수를 약분한 뒤 분자와 자연수를 곱합니다. 계산 결과가 가분수이면 대분수로 고칩니다.

$$\frac{4}{\overset{}{\underset{3}{9}}} \times \overset{2}{6} = \frac{4 \times 2}{3} = \frac{8}{3} = 2\frac{2}{3}$$

대분수와 자연수의 곱셈

• $1\frac{1}{4} \times 3$을 계산하는 방법

〈방법 1〉 대분수를 가분수로 고친 뒤 분자와 자연수를 곱합니다. 계산 결과가 가분수이면 대분수로 고칩니다.

$$1\frac{1}{4} \times 3 = \frac{5}{4} \times 3 = \frac{5 \times 3}{4} = \frac{15}{4} = 3\frac{3}{4}$$

〈방법 2〉 대분수의 자연수 부분과 분수 부분에 각각 자연수를 곱해 서로 더합니다.

$$1\frac{1}{4} \times 3 = (1 \times 3) + (\frac{1}{4} \times 3)$$
$$= 3 + \frac{3}{4} = 3\frac{3}{4}$$

Jump 도우미

1 빈 곳에 알맞은 수를 써넣으시오.

(1)

$\boxed{\frac{1}{3}}$ —×5→ $\boxed{}$

(2)

$\boxed{1\frac{2}{5}}$ —×2→ $\boxed{}$

2 계산 결과가 가장 큰 것부터 차례로 기호를 쓰시오.

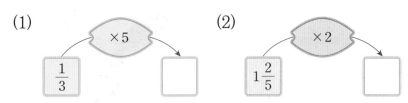

㉠ $\frac{4}{7} \times 28$ ㉡ $1\frac{5}{12} \times 8$ ㉢ $1\frac{4}{9} \times 18$

> 분수와 자연수의 곱셈에서 약분을 먼저 하고 계산한 후 가분수는 대분수로 고칩니다.

3 무게가 $\frac{5}{8}$ kg인 사과 한 개가 있습니다. 같은 무게의 사과가 모두 24개 있다면 사과 24개의 무게는 몇 kg입니까?

4 1시간에 $74\frac{1}{5}$ km를 가는 고속버스가 있습니다. 이 고속버스가 같은 빠르기로 4시간 동안 간다면 몇 km를 가겠습니까?

Jump 2 핵심응용하기

 핵심 응용 1분에 각각 $\frac{7}{8}$ L, $1\frac{9}{20}$ L의 물이 나오는 2개의 수도꼭지가 있습니다. 이 두 수도꼭지를 동시에 틀어서 6분 동안 물을 받는다면 모두 몇 L의 물을 받을 수 있습니까?

생각열기 두 수도꼭지를 동시에 틀어서 1분 동안 몇 L의 물을 받을 수 있는지 알아봅니다.

풀이 두 수도꼭지를 동시에 틀어서 1분 동안에 받을 수 있는 물의 양은

$$\frac{7}{8} + \boxed{}\frac{\boxed{}}{\boxed{}} = \boxed{}\frac{\boxed{}}{\boxed{}} \text{(L)입니다.}$$

따라서 6분 동안 물을 $\boxed{}\frac{\boxed{}}{\boxed{}} \times \boxed{} = \boxed{}\frac{\boxed{}}{\boxed{}}$ (L) 받을 수 있습니다.

 답 _____

 1 예슬이의 색 테이프를 $4\frac{3}{8}$ cm씩 잘랐더니 12도막이 되고 $\frac{3}{4}$ cm가 남았습니다. 지혜의 색 테이프는 예슬이의 전체 색 테이프 길이의 2배보다 $1\frac{1}{2}$ cm 짧습니다. 두 사람의 색 테이프는 모두 몇 cm입니까?

 2 일정한 규칙으로 분수를 늘어놓았습니다. 50번째에 놓일 분수를 구하시오.

$$\frac{1}{6}, \ \frac{5}{12}, \ \frac{2}{3}, \ \frac{11}{12}, \ 1\frac{1}{6}, \ \cdots\cdots$$

 3 하루에 $1\frac{2}{3}$분씩 늦어지는 시계가 있습니다. 이 시계를 오늘 오전 10시에 정확하게 맞추어 놓았습니다. 2주일 후 정확한 시계가 오전 10시를 가리킬 때, 이 시계는 몇 시 몇 분 몇 초를 가리키겠습니까?

자연수와 진분수의 곱셈

- $14 \times \frac{3}{4}$을 계산하는 방법

  자연수와 분모를 약분한 뒤 자연수와 분자를 곱합니다. 계산 결과가 가분수이면 대분수로 고칩니다.

$$\overset{7}{14} \times \frac{3}{\underset{2}{4}} = \frac{21}{2} = 10\frac{1}{2}$$

- 1보다 작은 분수를 곱하면 곱은 처음 수보다 작아집니다.

자연수와 대분수의 곱셈

- $4 \times 2\frac{1}{6}$을 계산하는 방법

  대분수를 가분수로 고친 뒤 자연수와 분모를 약분하여 계산합니다. 계산 결과가 가분수이면 대분수로 고칩니다.

$$4 \times 2\frac{1}{6} = \overset{2}{4} \times \frac{13}{\underset{3}{6}} = \frac{26}{3} = 8\frac{2}{3}$$

1 빈칸에 두 수의 곱을 써넣으시오.

 Jump 도우미

(1)

18	$\frac{5}{6}$

(2)

20	$1\frac{4}{25}$

2 1 m의 무게가 15 kg인 굵기가 일정한 철근이 있습니다. 이 철근 $2\frac{2}{5}$ m의 무게는 몇 kg입니까?

3 234쪽짜리 위인전을 전체의 $\frac{5}{9}$만큼 읽었습니다. 남은 쪽수는 몇 쪽입니까?

③ 남은 부분은 전체의 $\frac{4}{9}$입니다.

4 과일 가게에 사과가 105개 있고 귤은 사과의 $1\frac{2}{3}$배만큼, 배는 사과의 $\frac{5}{7}$배만큼 있습니다. 배는 귤보다 몇 개 더 적습니까?

 약분할 때는 자연수와 분모의 최대공약수로 약분하면 편리합니다.

핵심 응용

상연이는 전체가 180쪽인 과학책을 어제는 전체의 $\frac{2}{9}$ 만큼 읽었고 오늘은 나머지의 $\frac{4}{7}$ 만큼 읽었습니다. 이 책의 남은 부분을 모두 다 읽으려면 하루에 15쪽씩 앞으로 며칠을 더 읽어야 합니까?

생각 열기 · 먼저 어제 읽고 남은 쪽수를 알아봅니다.

풀이 · 어제 읽고 남은 쪽수는 $180 \times \left(1 - \dfrac{\square}{\square}\right) = \square$ (쪽)이고

오늘 읽고 남은 쪽수는 $\square \times \left(1 - \dfrac{\square}{\square}\right) = \square$ (쪽)입니다.

따라서 이 책의 남은 부분을 모두 다 읽으려면 하루에 15쪽씩 앞으로
$\square \div \square = \square$ (일)을 더 읽어야 합니다.

 답 _____

 확인 1

어머니의 몸무게는 아버지의 몸무게의 $\frac{3}{4}$ 이고 석기의 몸무게는 어머니의 몸무게의 $\frac{2}{3}$ 입니다. 아버지의 몸무게가 76 kg이라면 어머니의 몸무게와 석기의 몸무게의 차는 몇 kg입니까?

 확인 2

한 변의 길이가 50 cm인 정사각형이 있습니다. 이 정사각형의 가로는 $\frac{11}{25}$ 로 줄이고, 세로는 지금의 $\frac{1}{5}$ 만큼 늘여서 직사각형을 만들었습니다. 만든 직사각형의 둘레는 몇 cm입니까?

 확인 3

가영이는 9 m 높이에서 공을 수직으로 떨어뜨렸습니다. 이 공은 땅에 닿은 후 떨어진 높이의 $\frac{2}{3}$ 만큼 튀어 올랐다가 다시 땅에 떨어집니다. 공이 땅에 3번 닿았다가 다시 튀어 올랐을 때의 높이는 몇 m입니까?

단위분수와 단위분수의 곱셈

- $\frac{1}{2} \times \frac{1}{6}$ 을 계산하는 방법

① $\frac{1}{2} \times \frac{1}{6} = \frac{1 \times 1}{2 \times 6} = \frac{1}{12}$

② $\frac{1}{2} \times \frac{1}{6} = \frac{1}{2 \times 6} = \frac{1}{12}$

분자는 그대로 두고 분모끼리 곱하는 방법이 더 편리합니다.

- 단위분수끼리의 곱셈에서 곱은 항상 곱해지는 수보다 작아집니다.

진분수와 진분수의 곱셈

- $\frac{4}{5} \times \frac{3}{8}$ 을 계산하는 방법

① $\frac{4}{5} \times \frac{3}{8} = \frac{4 \times 3}{5 \times 8} = \frac{\overset{3}{\cancel{12}}}{\underset{10}{\cancel{40}}} = \frac{3}{10}$

② $\frac{4}{5} \times \frac{3}{8} = \frac{\overset{1}{\cancel{4}} \times 3}{5 \times \underset{2}{\cancel{8}}} = \frac{3}{10}$

③ $\frac{\overset{1}{\cancel{4}}}{5} \times \frac{3}{\underset{2}{\cancel{8}}} = \frac{3}{10}$

약분을 먼저하면 계산이 간편합니다.

 Jump 도우미

1 빈 곳에 알맞은 수를 써넣으시오.

(1)

(2)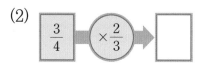

2 도화지의 $\frac{2}{3}$ 를 색칠하는데 그중에서 $\frac{3}{5}$ 은 녹색으로 색칠하려고 합니다. 녹색으로 색칠할 부분은 도화지 전체의 얼마입니까?

3 1부터 9까지의 자연수 중에서 □ 안에 들어갈 수 있는 수를 모두 구하시오.

$$\frac{1}{24} < \frac{1}{6} \times \frac{1}{\square}$$

4 케이크 전체의 $\frac{2}{5}$ 를 용희가 먹고, 나머지의 $\frac{1}{4}$ 을 동생이 먹었습니다. 동생은 케이크 전체의 몇 분의 몇을 먹었습니까?

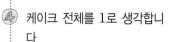 ④ 케이크 전체를 1로 생각합니다.

핵심 응용 신영이네 반 학생 전체의 $\frac{2}{5}$는 여학생이고 여학생의 $\frac{3}{4}$은 아이스크림을 좋아합니다. 아이스크림을 좋아하는 여학생이 9명일 때, 신영이네 반 학생은 모두 몇 명입니까?

생각열기 아이스크림을 좋아하는 여학생은 전체의 얼마인지 알아봅니다.

풀이 아이스크림을 좋아하는 여학생은 전체의 $\dfrac{\Box}{\Box} \times \dfrac{\Box}{\Box} = \dfrac{\Box}{10}$입니다.

전체의 $\dfrac{\Box}{10}$이 9명이므로 전체의 $\dfrac{1}{10}$은 $9 \div \Box = \Box$(명)입니다.

따라서 신영이네 반 학생은 모두 $10 \times \Box = \Box$(명)입니다.

답 _____

 1 $\frac{3}{8}$, $\frac{7}{12}$에 단위분수 A를 각각 곱하여 모두 단위분수가 되게 하려고 합니다. 가장 큰 A를 구하시오.

 2 다음과 같은 규칙으로 분수를 늘어놓을 때, 처음부터 100번째 분수까지 모두 곱한 값을 구하시오.

$$\frac{1}{2}, \ \frac{2}{3}, \ \frac{3}{4}, \ \frac{4}{5}, \ \frac{5}{6}, \ \cdots\cdots$$

 3 □ 안에는 같은 자연수가 들어갑니다. □ 안에 들어갈 수 있는 자연수들의 합을 구하시오.

$$\frac{1}{\Box+\Box} \times 40 = (\text{자연수})$$

대분수를 가분수로 고친 뒤 약분이 되면 약분한 다음, 분자는 분자끼리, 분모는 분모끼리 곱합니다.
계산 결과가 가분수이면 대분수로 고칩니다.

예 $2\dfrac{1}{4} \times 1\dfrac{2}{5} = \dfrac{9}{4} \times \dfrac{7}{5} = \dfrac{9 \times 7}{4 \times 5} = \dfrac{63}{20} = 3\dfrac{3}{20}$

$4\dfrac{1}{3} \times 2\dfrac{1}{4} = \dfrac{13}{\overset{}{\underset{1}{3}}} \times \dfrac{\overset{3}{9}}{4} = \dfrac{39}{4} = 9\dfrac{3}{4}$

대분수를 가분수로 고친 뒤 약분을 먼저하면 계산이 간편합니다.

1 ○ 안에 >, =, <를 알맞게 써넣으시오.

$$3\dfrac{1}{3} \times 1\dfrac{3}{7} \;\bigcirc\; 3\dfrac{4}{9} \times 1\dfrac{1}{5}$$

2 3장의 숫자 카드 5 , 6 , 7 을 모두 사용하여 대분수를 만들 때, 만들 수 있는 가장 큰 대분수와 가장 작은 대분수의 곱을 구하시오.

3 어떤 직사각형의 가로를 $3\dfrac{1}{5}$배 하고 세로를 $2\dfrac{1}{6}$배 하였습니다. 이 직사각형의 넓이는 처음 직사각형의 넓이의 몇 배입니까?

③ 처음 직사각형의 가로와 세로를 1이라고 생각합니다.

4 오른쪽 직사각형에서 색칠한 부분의 넓이는 몇 cm²입니까?

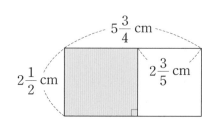

 1분 동안 각각 $1\frac{3}{10}$ km, $1\frac{5}{8}$ km를 달리는 두 버스가 있습니다. 이와 같은 빠르기로 두 버스가 같은 장소에서 동시에 출발하여 일직선상의 서로 반대 방향으로 5분 20초 동안 달렸다면 두 버스 사이의 거리는 몇 km입니까?

두 버스는 1분 동안에 몇 km 멀어지는지 알아봅니다.

풀이 두 버스는 1분 동안에 $1\frac{3}{10} + \boxed{}\frac{\boxed{}}{\boxed{}} = \boxed{}\frac{\boxed{}}{\boxed{}}$ (km) 멀어집니다.

따라서 5분 20초 $= \boxed{}\frac{\boxed{}}{3}$ 분이므로 두 버스 사이의 거리는

$\boxed{}\frac{\boxed{}}{\boxed{}} \times \boxed{}\frac{\boxed{}}{3} = \boxed{}\frac{\boxed{}}{\boxed{}}$ (km)입니다.

 답 _____

 1 올해 감자 수확량은 $190\frac{2}{5}$ kg이고 고구마 수확량은 감자 수확량의 $1\frac{1}{4}$배, 옥수수 수확량은 고구마 수확량의 $\frac{3}{4}$배입니다. 올해 감자, 고구마, 옥수수 수확량은 모두 몇 kg입니까?

 2 어느 수조에 구멍이 나서 1분에 $1\frac{1}{4}$ L씩 물이 샙니다. 이 수조에 1분에 $5\frac{9}{16}$ L의 물이 나오는 수도꼭지로 8분 40초 동안 물을 받으면 수조에는 모두 몇 L의 물이 채워집니까?

 3 $1\frac{3}{5}$과 $\frac{20}{3}$에 같은 분수를 각각 곱하여 모두 자연수가 되게 하려고 합니다. 이와 같은 분수 중에서 가장 작은 분수를 구하시오.

세 분수의 곱셈은 앞에서부터 차례로 두 분수씩 곱해서 계산하거나 세 분수를 한꺼번에 분자는 분자끼리, 분모는 분모끼리 곱해서 계산합니다.

예) $\dfrac{2}{3} \times \dfrac{1}{4} \times \dfrac{3}{5} = \left(\dfrac{\overset{1}{\cancel{2}}}{3} \times \dfrac{1}{\underset{2}{\cancel{4}}}\right) \times \dfrac{3}{5} = \dfrac{1}{\underset{2}{\cancel{6}}} \times \dfrac{\overset{1}{\cancel{3}}}{5} = \dfrac{1}{10}$

$\dfrac{3}{4} \times \dfrac{2}{5} \times \dfrac{5}{6} = \dfrac{\overset{1}{\cancel{3}} \times \overset{1}{\cancel{2}} \times \overset{1}{\cancel{5}}}{\underset{2}{\cancel{4}} \times \underset{1}{\cancel{5}} \times \underset{2}{\cancel{6}}} = \dfrac{1}{4}$

$\dfrac{2}{5} \times 1\dfrac{1}{4} \times 15 = \dfrac{2}{\underset{1}{\cancel{5}}} \times \dfrac{\overset{1}{\cancel{5}}}{\underset{2}{\cancel{4}}} \times 15 = \dfrac{15}{2} = 7\dfrac{1}{2}$

---

1 빈 곳에 알맞은 수를 써넣으시오.

 **Jump 도우미**

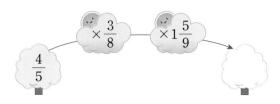

2 효근이네 집에 있는 책 중에서 효근이의 책은 전체의 $\dfrac{1}{2}$입니다. 그중 $\dfrac{3}{4}$이 동화책이고 동화책의 $\dfrac{1}{3}$은 창작 동화책입니다. 창작 동화책은 전체의 몇 분의 몇입니까?

3 한초는 한 시간에 $4\dfrac{4}{5}$ km를 걷는 빠르기로 매일 1시간 40분 동안 걸었습니다. 한초가 5일 동안 걸은 거리는 모두 몇 km입니까?

⑤ 1시간 40분은 몇 시간인지 분수로 나타냅니다.

4 석기는 전체가 120쪽인 수학 문제집을 어제부터 풀기 시작하여 어제는 전체의 $\dfrac{1}{4}$을 풀었고 오늘은 나머지의 $\dfrac{1}{5}$을 풀었습니다. 석기가 오늘 푼 문제집은 몇 쪽입니까?

Jump 2 핵심응용하기

 핵심 응용

한 변의 길이가 $10\frac{2}{5}$ cm인 정사각형 모양의 색종이가 있습니다. 이 색종이의 $\frac{1}{4}$을 잘라서 종이학을 접고, 남은 색종이에서 종이학을 접은 부분의 $1\frac{1}{3}$배만큼 잘라서 종이배를 접었습니다. 사용하지 않은 색종이의 넓이는 몇 cm^{2}입니까?

생각열기 먼저 종이배를 접은 부분이 전체의 얼마인지 알아봅니다.

풀이 종이배를 접은 부분은 전체의 $\frac{1}{4} \times 1\frac{1}{3} = \dfrac{\square}{\square}$ 이고

사용하지 않은 부분은 전체의 $1 - (\frac{1}{4} + \dfrac{\square}{\square}) = \dfrac{\square}{\square}$ 입니다.

따라서 사용하지 않은 색종이의 넓이는

$10\frac{2}{5} \times 10\frac{2}{5} \times \dfrac{\square}{\square} = \square\dfrac{\square}{\square}$ (cm^2)입니다.

답 _____

 1

영수는 하루의 $\frac{1}{3}$은 잠을 자고, 잠을 자고 난 나머지 시간의 $\frac{3}{8}$은 학교에서 생활합니다. 또, 학교 생활을 하고 난 나머지 시간의 $\frac{1}{5}$은 학원에서 보낸다면 하루에 학원에서 보내는 시간은 몇 시간입니까?

 2

어느 날 박물관에 입장한 사람은 모두 1000명이었습니다. 그중 $\frac{5}{8}$는 여자이고 남자의 $\frac{2}{5}$와 여자의 $\frac{3}{5}$은 어린이였다고 합니다. 이 날 박물관에 입장한 사람 중에서 어린이는 모두 몇 명입니까?

 3

길이가 $15\frac{3}{4}$ m인 철사를 똑같이 5도막으로 나누고 그중 한 도막의 $\frac{5}{6}$로 정사각형을 만들었습니다. 이 정사각형의 한 변의 길이는 몇 m입니까?

1 간장이 $15\frac{3}{5}$ L 있습니다. 하루에 $1\frac{1}{5}$ L씩 6일 동안 사용하고 남은 간장을 1 L들이 병에 담아 두려고 합니다. 남은 간장을 모두 담아 두려면 1 L들이 병이 최소한 몇 개 필요합니까?

2 예슬이는 길이가 같은 끈 2개로 각각 가장 큰 정오각형과 가장 큰 정사각형을 1개씩 만들었습니다. 정오각형의 한 변의 길이가 $4\frac{8}{25}$ cm이면 정사각형의 넓이는 몇 cm² 입니까?

3 한별이는 어제 가지고 있던 용돈의 $\frac{1}{4}$을 쓰고 다시 나머지의 $\frac{2}{5}$를 썼습니다. 오늘은 어제 쓰고 남은 돈의 $\frac{1}{6}$을 쓰고 다시 그 나머지의 $\frac{1}{3}$을 썼더니 2000원이 남았습니다. 한별이가 처음에 가지고 있던 용돈은 얼마입니까?

4 다음을 계산하시오.

(1) $\dfrac{1}{2} \times \dfrac{1}{3} + \dfrac{1}{3} \times \dfrac{1}{4} + \dfrac{1}{4} \times \dfrac{1}{5} + \dfrac{1}{5} \times \dfrac{1}{6} + \dfrac{1}{6} \times \dfrac{1}{7}$

(2) $\dfrac{1}{2} \times \dfrac{1}{4} + \dfrac{1}{4} \times \dfrac{1}{6} + \dfrac{1}{6} \times \dfrac{1}{8} + \dfrac{1}{8} \times \dfrac{1}{10} + \dfrac{1}{10} \times \dfrac{1}{12}$

5 가로가 세로의 $\dfrac{3}{4}$이고 둘레가 $82\dfrac{1}{4}$ m인 직사각형 모양의 밭이 있습니다. 이 밭의 가로와 세로는 각각 몇 m입니까?

6 오른쪽 그림에서 제 1열이 1입니다. 수가 2개로 나누어져 ↗가 가리키는 곳은 앞 수의 $\dfrac{3}{4}$, ↘가 가리키는 곳은 앞 수의 $\dfrac{1}{4}$이 되고, 두 화살표가 동시에 가리키는 곳은 화살표 방향으로 나누어진 두 수의 합이 됩니다. 제 5열의 위에서 두 번째 수를 구하시오.

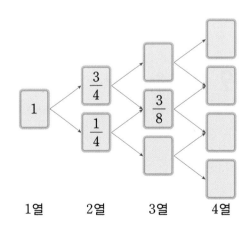

1열　　2열　　3열　　4열

7 석기네 반 학생은 모두 30명입니다. 여학생의 $\frac{1}{2}$과 남학생의 $\frac{1}{3}$의 수가 같다면 석기네 반 여학생과 남학생 수는 각각 몇 명입니까?

8 그림과 같이 신영이와 영수가 마주 보고 동시에 출발하였습니다. 신영이는 한 시간에 $5\frac{7}{16}$ km씩 걷고, 영수는 한 시간에 $6\frac{3}{4}$ km씩 걸어 2시간 20분 후에 만났습니다. ㉮와 ㉯ 사이의 거리는 몇 km입니까? (단, ㉮와 ㉯ 사이의 길은 일직선입니다.)

신영 →   영수 ←
㉮ •————————————• ㉯

9 다음을 계산하시오.

$$(1+\frac{1}{2})\times(1+\frac{1}{3})\times(1+\frac{1}{4})\times\cdots\cdots\times(1+\frac{1}{19})\times(1+\frac{1}{20})$$

10 한 시간에 $2\dfrac{1}{4}$ 분씩 늦게 가는 시계와 $1\dfrac{1}{2}$ 분씩 빨리 가는 시계가 있습니다. 이 두 시계를 오늘 오후 4시에 정확히 맞추어 놓았다면 내일 오전 10시에 두 시계가 가리키는 시각은 몇 시간 몇 분 몇 초 차이가 나겠습니까?

11 □와 △ 안에는 1보다 크고 10보다 작은 자연수가 들어갈 수 있습니다. □와 △ 안에 들어갈 수 있는 수의 쌍 (□, △)는 모두 몇 쌍입니까?

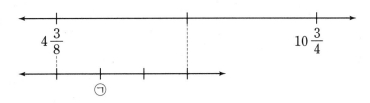

12 다음은 수직선을 같은 간격으로 각각 나눈 것입니다. ㉠에 알맞은 수를 구하시오.

$4\dfrac{3}{8}$ $10\dfrac{3}{4}$

㉠

13 분수를 일정한 규칙으로 늘어놓았습니다. 15번째 분수와 $3\frac{3}{5}$의 곱을 구하시오.

$$\frac{1}{4}, \ \frac{2}{7}, \ \frac{3}{10}, \ \frac{4}{13}, \ \frac{5}{16}, \ \cdots\cdots$$

14 떨어진 높이의 $\frac{5}{8}$만큼 튀어 오르는 공이 있습니다. 이 공을 바닥에서 32 m 높이의 옥상에서 수직으로 떨어뜨렸다면 공이 두 번 튀어 오르고 바닥에 닿을 때까지 움직인 전체 거리는 몇 m입니까?

15 어떤 일을 하는 데 동민이가 혼자서 하면 6시간이 걸리고, 가영이가 혼자서 하면 8시간이 걸린다고 합니다. 두 사람이 함께 2시간 48분 동안 그 일을 했다면 남은 일은 전체의 얼마만큼입니까? (단, 두 사람이 한 시간에 하는 일의 양은 각각 일정합니다.)

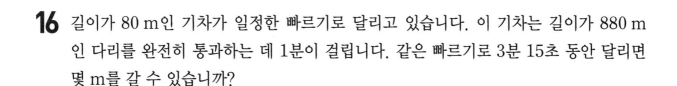
16 길이가 80 m인 기차가 일정한 빠르기로 달리고 있습니다. 이 기차는 길이가 880 m 인 다리를 완전히 통과하는 데 1분이 걸립니다. 같은 빠르기로 3분 15초 동안 달리면 몇 m를 갈 수 있습니까?

17 □ 안에 들어갈 수 있는 자연수를 모두 구하시오.

$$\frac{1}{120} < \frac{1}{11} \times \frac{1}{\square} < \frac{1}{60}$$

18 2019에서 2019의 $\frac{1}{2}$ 을 뺀 다음, 또 나머지의 $\frac{1}{3}$ 을 빼고, 또 나머지의 $\frac{1}{4}$ 을 빼는 과정 을 계속하여 마지막에 나머지의 $\frac{1}{2019}$ 을 빼면 마지막에 남는 수는 얼마입니까?

1 $\dfrac{1}{3} \times \dfrac{1}{4} \times \dfrac{1}{5} = (\dfrac{1}{3 \times 4} - \dfrac{1}{4 \times 5}) \times \dfrac{1}{2}$ 의 계산 방법을 이용하여 다음을 계산하시오.

$$\dfrac{1}{4} \times \dfrac{1}{5} \times \dfrac{1}{6} + \dfrac{1}{5} \times \dfrac{1}{6} \times \dfrac{1}{7} + \dfrac{1}{6} \times \dfrac{1}{7} \times \dfrac{1}{8} + \dfrac{1}{7} \times \dfrac{1}{8} \times \dfrac{1}{9}$$

2 세 수 ㉠, ㉡, ㉢이 있습니다. ㉡은 ㉠의 $\dfrac{4}{5}$, ㉢은 ㉡의 $\dfrac{3}{4}$이고 ㉠+㉡+㉢=240입니다. ㉠을 구하시오.

3 A, B, C 세 사람이 가지고 있는 돈을 비교해 보니 A는 B보다 200원 더 많고 B는 C보다 100원 더 많았습니다. A가 가지고 있는 돈은 세 사람이 가진 돈의 합의 $\dfrac{2}{5}$일 때, 세 사람이 가지고 있는 돈은 각각 얼마입니까?

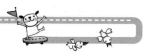

4 다음을 계산하시오.

$$\frac{323323}{242424} \times \frac{323232}{232232}$$

5 흐르지 않는 물에서 한 시간에 12 km의 빠르기로 움직이는 배가 있습니다. 이 배가 한 시간에 3 km의 빠르기로 흐르는 강물을 3시간 40분 동안 거슬러 올라갔다가 1시간 48분 동안 내려왔다면 배가 움직인 거리는 몇 km입니까?

6 신영이와 동민이는 연못의 둘레를 같은 지점에서 반대 방향으로 동시에 출발하여 각각 일정한 빠르기로 돌고 있습니다. 연못의 둘레를 한 바퀴 도는 데 신영이는 24분이 걸리고, 신영이와 동민이는 $9\frac{3}{5}$분마다 만납니다. 동민이가 연못을 한 바퀴 도는 데 몇 분이 걸립니까?

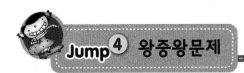
7 오른쪽 정팔각형의 넓이는 $16\dfrac{2}{5}$ cm²입니다. 색칠한 부분의 넓이는 몇 cm²입니까?

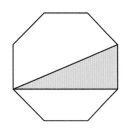

8 보기 와 같은 규칙에 따라 다음을 계산하시오.

> **보기**
>
> $1\blacksquare2=1\dfrac{1}{2}$, $7\blacksquare3=7\dfrac{1}{3}$, $8\blacksquare2=8\dfrac{1}{2}$
>
> $2\blacktriangle3=\dfrac{2}{3}$, $4\blacktriangle2=2$, $5\blacktriangle10=\dfrac{1}{2}$

$$(8\blacksquare4)\times(4\blacktriangle6)$$

9 물 속에 담가 두면 1시간마다 1시간 전 무게의 $\dfrac{1}{5}$배씩 늘어나는 나무도막이 있습니다. 무게가 50 g인 나무도막을 물 속에 얼마 동안 담가 두었다가 꺼내어 무게를 재어보았더니 처음과의 무게의 차가 $36\dfrac{2}{5}$ g이었습니다. 몇 시간 동안 물속에 담가두었습니까?

10 한초, 규형, 상연, 가영이가 마라톤을 하고 있습니다. 다음을 읽고 한초는 출발점으로부터 몇 km를 달리고 있는지 구하시오.

> - 규형이는 출발점으로부터 $25\frac{4}{5}$ km를 달리고 있습니다.
>
> - 상연이는 출발점으로부터 $18\frac{1}{2}$ km를 달리고 있습니다.
>
> - 가영이는 규형이와 상연이 사이의 거리의 $\frac{2}{5}$만큼 상연이보다 앞서 달리고 있습니다.
>
> - 한초는 가영이가 달린 거리의 $1\frac{1}{9}$배만큼 달리고 있습니다.

11 두 개의 양초 ㉮와 ㉯가 있습니다. ㉮는 2시간, ㉯는 2시간 30분이 지나면 모두 탄다고 합니다. 두 양초에 불을 동시에 붙였더니 1시간 후에 타고 남은 길이가 같게 되었습니다. 처음에 ㉮의 길이가 18 cm였다면 ㉯의 길이는 몇 cm였습니까? (단, 두 양초의 타는 속도는 각각 일정합니다.)

12 어떤 일을 하는 데 석기 혼자서 일을 하면 6시간이 걸리고 규형이 혼자서 일을 하면 10시간이 걸립니다. 처음에 석기 혼자서 몇 시간을 일한 후 나머지를 규형이 혼자서 일하니 모두 9시간이 걸렸습니다. 석기와 규형이는 각각 몇 시간 몇 분씩 일을 했습니까? (단, 두 사람이 한 시간 동안 하는 일의 양은 각각 일정합니다.)

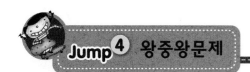

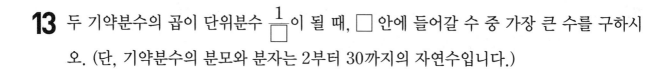

13 두 기약분수의 곱이 단위분수 $\dfrac{1}{\square}$ 이 될 때, $\square$ 안에 들어갈 수 중 가장 큰 수를 구하시오. (단, 기약분수의 분모와 분자는 2부터 30까지의 자연수입니다.)

14 가영, 석기, 한솔 세 사람이 주스를 몇 L씩 가져 갔습니다. 가영이는 전체 주스의 $\dfrac{1}{3}$ 과 2 L를 가져갔고, 석기는 나머지의 $\dfrac{1}{3}$ 과 2 L를 가져갔고, 마지막으로 한솔이가 나머지의 $\dfrac{1}{3}$ 과 2 L를 가져갔더니 남은 주스가 없었습니다. 처음에 있던 주스의 양은 몇 L입니까?

15 한초는 은행에 첫 번째에는 2000원을 저금하고 두 번째에는 첫 번째 저금액의 $\dfrac{1}{2}$ 을 더 늘리고 세 번째에는 두 번째 저금액의 $\dfrac{1}{3}$ 을 더 늘리고 네 번째에는 세 번째 저금액의 $\dfrac{1}{4}$ 을 더 늘리는 규칙으로 저금을 하였습니다. 첫 번째부터 40번째까지 한초가 저금한 금액은 모두 얼마입니까?

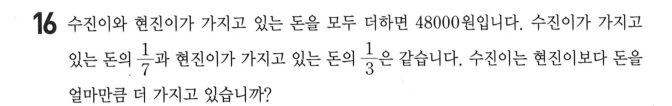
16 수진이와 현진이가 가지고 있는 돈을 모두 더하면 48000원입니다. 수진이가 가지고 있는 돈의 $\frac{1}{7}$과 현진이가 가지고 있는 돈의 $\frac{1}{3}$은 같습니다. 수진이는 현진이보다 돈을 얼마만큼 더 가지고 있습니까?

17 예슬이네 학교의 남학생 수는 전교생의 $\frac{4}{9}$보다 60명이 더 많고, 여학생 수는 전교생의 $\frac{3}{7}$보다 20명이 더 많습니다. 예슬이네 학교의 남학생 수는 몇 명입니까?

18 신영이는 콜라와 사이다 중에서 반 학생들이 좋아하는 음료를 조사하였습니다. 콜라와 사이다를 모두 좋아하는 학생은 15명이고, 이 수는 콜라를 좋아하는 학생의 $\frac{5}{6}$입니다. 사이다를 좋아하는 학생 수가 콜라와 사이다를 모두 좋아하지 않는 학생의 8배일 때 신영이네 반 학생은 최소 몇 명입니까?

1 떨어진 높이의 $\frac{1}{3}$만큼 튀어 오르는 공이 있습니다. 이 공을 50 m 높이에서 수직으로 떨어뜨렸습니다. 이 공이 멈출 때까지 움직인 거리는 모두 몇 m입니까?

2 오른쪽 그림과 같이 같은 굵기의 관이 연결되어 있는 칸막이 물통이 있습니다. 관 입구에 $25\frac{3}{5}$ L의 물을 부을 때, 물통의 G부분에 들어갈 물의 양은 몇 L입니까?

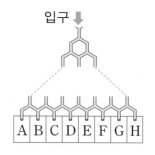

3 합동과 대칭

1. 도형의 합동 알아보기
2. 합동인 도형의 성질 알아보기
3. 선대칭도형과 그 성질 알아보기
4. 점대칭도형과 그 성질 알아보기

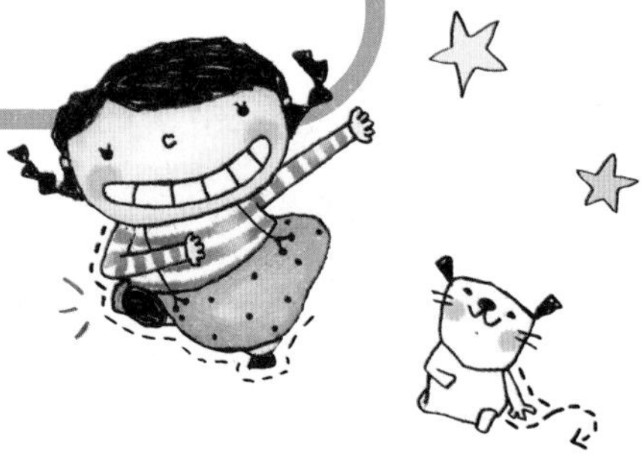

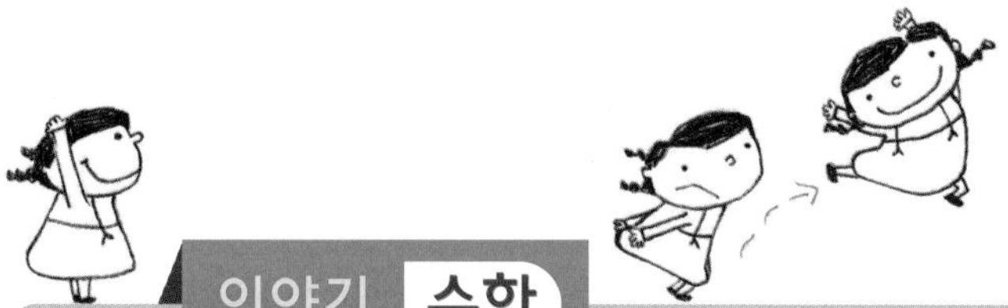

이야기 수학

산으로 가로막힌 곳의 길이는 어떻게 잴까요?

산으로 가로막힌 곳의 길이는 어떻게 잴까요?
산을 무너뜨리고 평평하게 길을 닦아 놓을 수도 없고 산을 통과하는 줄자를 만들 수도 없다면 어떻게 할까요?
이런 고민을 탈레스(Thales)가 해결했습니다. 두 변의 길이와 그 사이의 각의 크기가 같은 삼각형은 서로 합동이라는 삼각형의 합동 원리를 이용한 것입니다. 산이 중간에 걸쳐진 선분 AB를 직접 재는 대신 그와 똑같은 선분 CD를 만들어 그 평평한 길이를 재면 알 수 있습니다. 선분 CD의 길이는 다른 두 선분의 길이를 같게 하고 그 사이의 각의 크기를 같게 하면 알 수 있습니다. 서로 합동인 삼각형이니까 선분 AB와 선분 CD는 똑같은 길이가 됩니다.

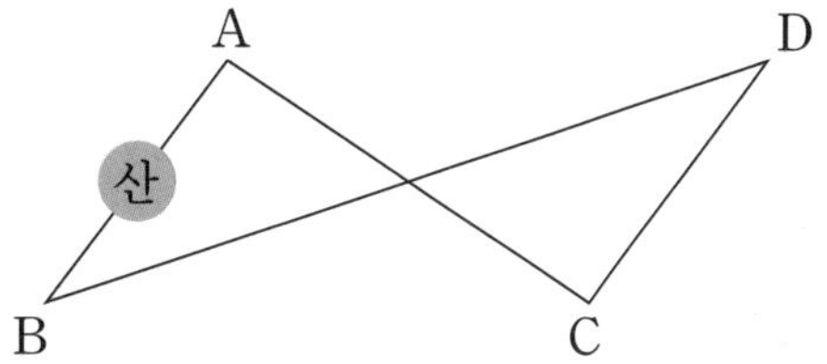

◈ **합동인 도형 알아보기**

삼각형 가, 나와 같이 모양과 크기가 같아서 포개었을 때, 완전히 겹쳐지는 두 도형을 서로 합동이라고 합니다.

1 합동인 도형을 모두 찾아보시오.

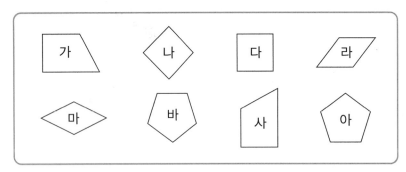

2 두 도형이 합동이 되도록 만들려고 합니다. 어떻게 하면 되는지 쓰시오.

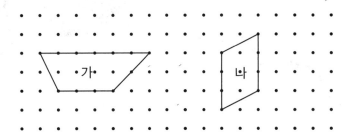

3 왼쪽 도형과 합동인 도형을 주어진 선분을 이용하여 그려 보시오.

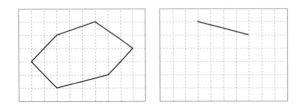

4 오른쪽 정삼각형에 정삼각형을 한 개 더 그려서 합동인 삼각형 4개를 만드시오.

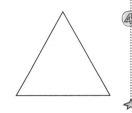

④ 정삼각형은 세 변의 길이가 모두 같습니다.

 핵심 응용 오른쪽 이등변삼각형 ㄱㄴㄷ에서 서로 합동인 삼각형은 모두 몇 쌍입니까?

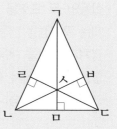

생각열기 삼각형 1개, 2개, 3개로 이루어진 삼각형으로 나누어 생각해 봅니다.

풀이 서로 합동인 삼각형은 삼각형 1개로 이루어진 삼각형이 삼각형 ㄱㄹㅅ과 삼각형 ⬜, 삼각형 ㄹㄴㅅ과 삼각형 ⬜, 삼각형 ㅅㄴㅁ과 삼각형 ⬜으로 ⬜쌍, 삼각형 2개로 이루어진 삼각형이 삼각형 ⬜과 삼각형 ⬜으로 1 쌍, 삼각형 3개로 이루어진 삼각형이 삼각형 ㄱㄴㅂ과 삼각형 ⬜, 삼각형 ㄱㄴㅁ과 삼각형 ⬜, 삼각형 ㄹㄴㄷ과 삼각형 ⬜으로 ⬜쌍 있습니다.

따라서 서로 합동인 삼각형은 모두 ⬜쌍입니다.

답 _____

 1 오른쪽 정육각형의 대각선을 이용하여 만든 삼각형 중 색칠된 삼각형과 합동인 삼각형을 모두 몇 개나 더 만들 수 있습니까?

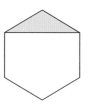

 2 오른쪽 이등변삼각형과 합동인 삼각형이 여러 개 있습니다. 꼭짓점 ㄱ을 중심으로 서로 겹치지 않게 빈틈없이 삼각형을 이어 놓았을 때, 생기는 정다각형의 둘레는 몇 cm입니까?

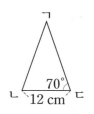

 3 오른쪽 그림에서 합동인 삼각형은 모두 몇 쌍입니까?

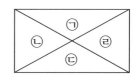

- 합동인 두 도형을 완전히 포개었을 때, 겹쳐지는 꼭짓점을 대응점, 겹쳐지는 변을 대응변, 겹쳐지는 각을 대응각이라고 합니다.
- 합동인 도형에서 대응변의 길이와 대응각의 크기는 각각 같습니다.

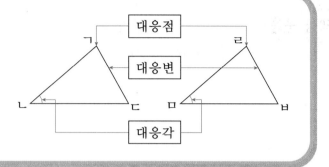

 합동인 두 도형을 보고 물음에 답하시오. [1~4]

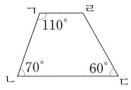 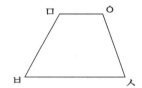

Jump 도우미

합동인 두 사각형에서 대응점, 대응변, 대응각은 각각 4쌍씩 있습니다.

1 점 ㄱ의 대응점과 점 ㄷ의 대응점을 각각 찾아보시오.

2 변 ㄱㄴ의 대응변과 변 ㄴㄷ의 대응변을 각각 찾아보시오.

3 각 ㄴㄷㄹ의 대응각을 찾아보시오.

4 각 ㅇㅁㅂ의 크기를 구하시오.

5 오른쪽 그림에서 삼각형 ㄱㄴㅁ과 삼각형 ㅂㅁㄷ은 서로 합동입니다. ⊙을 구하시오.

⑤ 합동인 두 삼각형의 대응변을 먼저 찾습니다.

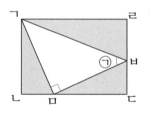

핵심 응용

오른쪽 그림은 합동인 2개의 사각형을 겹쳐 놓은 것입니다. 직사각형 ㄱㄴㅂㅅ의 넓이가 338 cm²일 때, 삼각형 ㄹㅁㄷ의 넓이는 몇 cm²입니까?

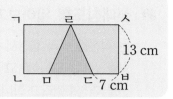

생각 열기 먼저 선분 ㄴㅂ의 길이를 알아봅니다.

풀이 직사각형 ㄱㄴㅂㅅ의 넓이가 338 cm²이므로 선분 ㄴㅂ의 길이는

338÷ ▢ = ▢ (cm)입니다. 사각형 ㄱㄴㅁㄹ과 사각형 ▢ 이

서로 합동이므로 (선분 ㄴㅁ)=(선분 ▢)= ▢ cm입니다.

(선분 ㅁㄷ)= ▢ −(▢ ×2)= ▢ (cm)입니다.

삼각형 ㄹㅁㄷ의 넓이는 가로가 ▢ cm이고, 세로가 ▢ cm인

직사각형의 넓이의 반이므로 ▢ × ▢ ÷2= ▢ (cm²)입니다.

 _____

1 오른쪽 그림에서 삼각형 ㄱㄴㄷ과 삼각형 ㅁㄷㄹ은 정삼각형입니다. 삼각형 ㄴㄷㅁ의 둘레가 45 cm일 때, 선분 ㄱㄹ의 길이는 몇 cm입니까?

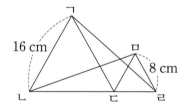

2 오른쪽 그림은 합동인 2개의 직각삼각형을 겹쳐 놓은 것입니다. 각 ㄹㅁㄷ의 크기를 구하시오.

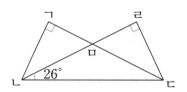

3 오른쪽 그림에서 삼각형 ㄱㄴㄷ과 삼각형 ㄹㅁㄷ은 서로 합동인 이등변삼각형입니다. ㉠을 구하시오.

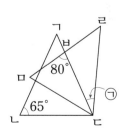

🏀 선대칭도형 알아보기

한 직선을 따라 접어서 완전히 겹쳐지는 도형을 선대칭도형이라고 합니다. 이때 그 직선을 대칭축이라고 합니다.

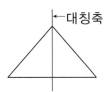

🏀 선대칭도형의 성질 알아보기

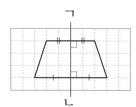

• 선대칭도형에서 대응변의 길이와 대응각의 크기는 각각 같습니다.

• 대칭축은 대응점을 이은 선분을 수직이등분하고 있어 각각의 대응점에서 대칭축까지의 거리는 같습니다.

1 선대칭도형을 모두 찾아 써 보시오.

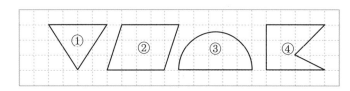

2 오른쪽 도형은 선대칭도형입니다. 물음에 답하시오.

(1) 대칭축을 찾아 써 보시오.

(2) 선분 ㄴㅂ을 수직으로 이등분 하는 선분을 찾아 써 보시오.

(3) 점 ㄷ의 대응점을 찾아 써 보시오.

(4) 각 ㄴㄷㄹ의 대응각을 찾아 써 보시오.

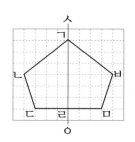

3 선대칭도형이 되도록 그림을 완성하시오.

(1)   (2)

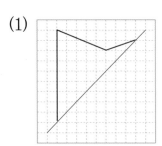

4 다음은 선대칭도형입니다. 대칭축이 가장 많은 것부터 차례로 기호를 쓰시오.

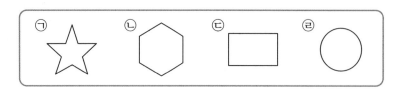

Jump 도우미

① 한 직선을 따라 접어서 완전히 겹쳐지는 도형을 찾습니다.

③ 대칭축을 중심으로 같은 거리에 있는 대응점을 찾아 연결합니다.

도형에 따라 대칭축의 개수는 다릅니다.

1개   2개

핵심 응용 사각형 ㄱㄴㄷㄹ이 넓이가 192 cm²인 선대칭도형이라고 할 때, 사각형 ㄱㄴㄷㄹ의 둘레는 몇 cm입니까?

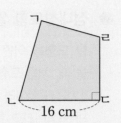

16 cm

생각 열기 먼저 대칭축을 찾아 봅니다.

 풀이

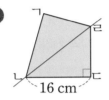

16 cm

사각형 ㄱㄴㄷㄹ에 대칭축을 그려 보면 왼쪽 그림과 같습니다. 선대칭도형은 대응변의 길이와 대응각의 크기가 각각 같으므로

(변 [ ])＝(변 ㄴㄷ)＝16 cm, (변 [ ])＝(변 ㄹㄷ),

(각 [ ])＝(각 ㄴㄷㄹ)＝90°입니다.

삼각형 ㄹㄴㄷ과 삼각형 [ ]의 넓이가 같으므로 삼각형 ㄹㄴㄷ의 넓이는

192÷[ ]＝[ ](cm²)이고, 변 ㄹㄷ은 [ ]×2÷[ ]＝[ ](cm)입니다.

따라서 사각형 ㄱㄴㄷㄹ의 둘레는 ([ ]+[ ])×2＝[ ](cm)입니다.

답 _____

1 오른쪽과 같은 모양의 사다리꼴 2개로 변과 변을 맞닿게 붙여서 만들 수 있는 선대칭도형의 종류는 몇 가지입니까? (단, 돌리거나 뒤집어 모양이 같은 것은 한 가지로 생각합니다.)

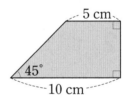

5 cm

45°

10 cm

2 오른쪽 도형은 선대칭도형입니다. 각 ㄱㄴㄷ의 크기는 몇 도입니까?

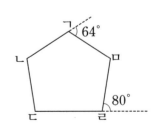

64°

80°

3 모눈종이 위에 세 점이 주어져 있습니다. 한 점을 더 찍은 후 네 개의 점을 이어 넓이가 36 cm²인 사각형을 만들려고 합니다. 이 사각형이 선대칭도형이 되게 하는 나머지 한 점의 위치를 나타내시오.

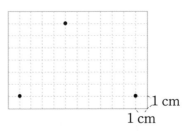

1 cm

1 cm

점대칭도형 알아보기

한 도형을 어떤 점을 중심으로 180° 돌렸을 때, 처음 도형과 완전히 겹쳐지는 도형을 점대칭도형이라 합니다. 이때 그 점을 대칭의 중심이라고 합니다.

대칭의 중심   대칭의 중심   대칭의 중심

점대칭도형의 성질 알아보기

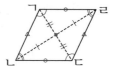

• 점대칭도형에서 대응변의 길이와 대응각의 크기는 각각 같습니다.
• 점대칭도형에서 대칭의 중심은 대응점을 이은 선분을 이등분하고 있어 각각의 대응점에서 대칭의 중심까지의 거리는 같습니다.

Jump 도우미

도형을 보고 물음에 답하시오. [1~2]

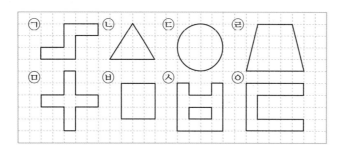

1 점대칭도형을 모두 찾아 써 보시오.

2 선대칭도형이면서 점대칭도형인 것을 모두 찾아 써 보시오.

2 대칭축과 대칭의 중심을 동시에 가지는 도형을 찾아봅니다.

3 점대칭도형을 보고 물음에 답하시오.

(1) 점 ㄴ, 점 ㄷ의 대응점을 써 보시오.
(2) 변 ㄴㄷ, 변 ㄷㄹ의 대응변을 찾아 차례대로 써 보시오.
(3) 각 ㄴㄱㅂ, 각 ㄹㅁㅂ의 대응각을 찾아 차례대로 써 보시오.
(4) 선분 ㄱㄹ이 24 cm이면, 선분 ㄹㅇ은 몇 cm입니까?

4 점 ㅇ을 대칭의 중심으로 하는 점대칭도형의 일부분을 나타낸 것입니다. 나머지 부분을 완성하고 완성된 점대칭도형의 둘레를 구하시오.

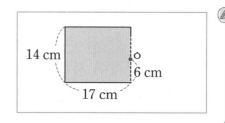

4 각 점을 대칭의 중심과 연결한 후, 반대편의 같은 거리에 있는 대응점을 찾아 연결합니다.

 핵심 응용

점 ㅇ을 중심으로 하여 삼각형 ㄱㄴㄷ을 180° 돌린 삼각형을 하나 더 그려 점대칭도형을 만들었습니다. 만든 점대칭도형의 둘레가 52 cm일 때, 점 ㅇ은 점 ㄴ에서 몇 cm 떨어진 곳에 있습니까?

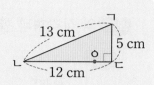

생각열기 점대칭도형을 그려봅니다.

풀이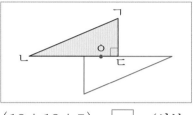

주어진 조건에 따라 점대칭도형을 그리면 왼쪽 그림과 같으므로 도형 전체의 둘레는 삼각형 ㄱㄴㄷ 둘레의 ☐배에서 선분 ㅇㄷ 길이의 ☐배를 뺀 것과 같습니다.

$(13+12+5) \times$ ☐ $-$ (선분 ㅇㄷ) $\times$ ☐ $=52$(cm)이므로 선분 ㅇㄷ의 길이는 ☐ cm입니다. 따라서 점 ㅇ은 점 ㄴ에서 $12-$ ☐ $=$ ☐ (cm) 떨어진 곳에 있습니다.

답 _____

 1 글자의 방향을 생각하여 점 ㅇ을 대칭의 중심으로 하는 점대칭도형을 완성하시오.

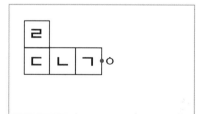

 2 주어진 선분을 이용하여 넓이가 17 cm²인 점대칭도형을 만들어 보시오.

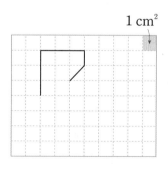

1 cm²

 3 오른쪽 도형은 점 ㅇ이 대칭의 중심인 점대칭도형입니다. 선분 ㄱㅇ과 선분 ㅁㅇ의 길이가 같을 때, 각 ㅇㄴㄷ과 각 ㅇㄱㅂ의 크기의 합을 구하시오.

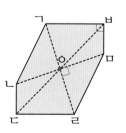

1 보기의 삼각형과 합동인 삼각형을 모두 고르시오.

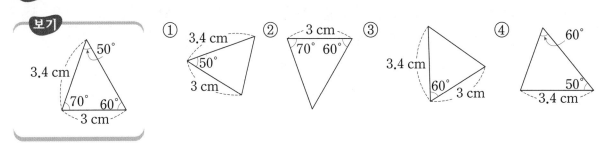

2 오른쪽 직각삼각형을 합동인 삼각형 3개로 나누어 보시오.

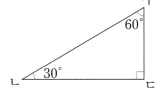

3 오른쪽 그림은 직사각형 모양의 종이를 대각선으로 접은 것입니다. 물음에 답하시오.

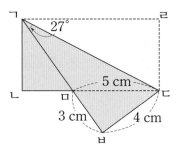

(1) 각 ㄱㅁㄷ의 크기를 구하시오.

(2) 직사각형 ㄱㄴㄷㄹ의 넓이는 몇 cm²입니까?

4 삼각형 ㄱㄴㄷ과 삼각형 ㄱㄹㅁ이 모두 이등변삼각형일 때, 오른쪽 그림에서 찾을 수 있는 합동인 삼각형은 모두 몇 쌍입니까?

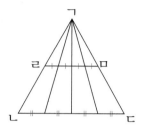

5 오른쪽 도형은 정사각형을 합동인 4개의 직사각형으로 나눈 것입니다. 가장 작은 직사각형 한 개의 둘레가 60 cm라면 정사각형의 둘레는 몇 cm입니까?

6 합동인 정사각형 ㉮, ㉯가 있습니다. 정사각형 ㉯의 한 꼭짓점이 오른쪽 그림과 같이 점 ㄱ과 겹쳐 있습니다. 정사각형의 한 변이 10 cm일 때, 두 도형이 겹치는 부분의 넓이는 몇 cm²입니까?

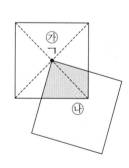

7 삼각형 ㄱㄴㄷ과 삼각형 ㄹㅁㅂ은 서로 합동인 이등변삼각형입니다. 색칠한 부분의 넓이는 몇 cm²입니까?

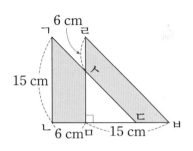

8 다음 문자 중 선대칭도형이 되는 문자의 수를 a개, 점대칭도형이 되는 문자의 수를 b개, 선대칭도형이 되면서 점대칭도형이 되는 문자의 수를 c개라고 할 때, a+b+c의 값을 구하시오.

$$T\ E\ M\ O\ N\ G\ A\ K\ U\ V\ I\ D\ H\ R\ S$$

9 정사각형 ㄱㄴㄷㄹ을 화살표 방향을 따라 차례로 선대칭이동시키려고 합니다. 이때 정사각형 ㄱㄴㄷㄹ에 있는 5자와 똑같은 방향의 모양은 ①~⑤번 면 중 몇 번 면에 나타납니까?

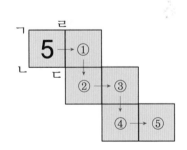

10 점 ㅇ을 대칭의 중심으로 하는 점대칭도형의 일부분을 나타낸 것입니다. 나머지 부분을 완성하시오.

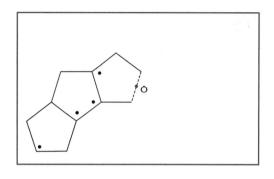

11 오른쪽 도형은 정사각형 5개를 이어 붙여 만든 것입니다. 5개의 정사각형 중 한 개를 옮겨 겹치지 않게 이어 붙여서 점대칭도형을 2개 만드시오.

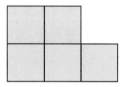

12 오른쪽 점대칭도형에서 점 ㄱ, 점 ㄴ, 점 ㄷ, 점 ㄹ은 4개의 반원의 중심입니다. 대칭의 중심은 점 ㄱ에서 점 ㄹ 쪽으로 몇 cm 떨어진 곳에 있습니까?

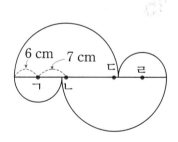

13 오른쪽 그림은 직사각형의 반을 접은 후 펼친 것입니다. 삼각형 ㄱㄹㄷ은 삼각형 ㄱㄴㄷ을 접어 올린 것이고, 점 ㄱ과 점 ㅁ은 세로의 길이를 3등분 한 점일 때, ㉠을 구하시오.

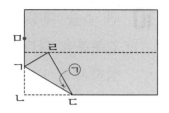

14 오른쪽 그림과 같이 모눈종이에 점 ㄱ, ㄴ, ㄷ, ㄹ이 찍혀 있습니다. 점 ㅁ을 찍어 도형 ㄱㄴㄷㄹㅁ의 넓이가 21 cm²인 선대칭도형을 만들려고 합니다. 도형 ㄱㄴㄷㄹㅁ을 완성하고 대칭축을 그어 보시오.

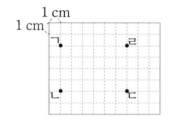

15 사각형 ㄱㄴㄷㄹ과 사각형 ㅁㅂㅅㅇ은 각각 대칭축이 4개인 선대칭도형입니다. 선분 ㄱㅁ과 선분 ㅁㅈ의 길이가 같고, 사각형 ㄱㄴㄷㄹ의 넓이가 128 cm²일 때, 사각형 ㄱㄴㅂㅁ의 넓이를 구하시오.

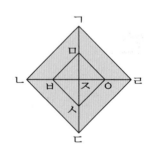

크기가 같은 정사각형을 5개 이어 붙여 만든 모양을 펜토미노라고 합니다. 펜토미노는 모두 12 가지입니다. (단, 돌리거나 뒤집었을 때 완전히 겹쳐지는 모양은 1가지로 생각합니다.) [16~19]

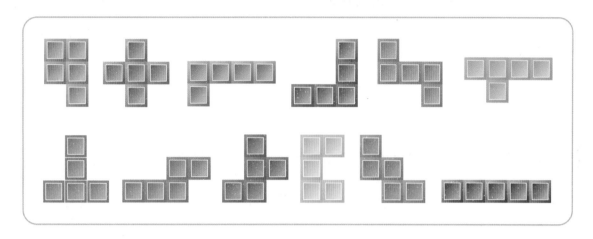

16 위 펜토미노에서 선대칭도형은 모두 몇 개입니까?

17 위 펜토미노에서 점대칭도형은 모두 몇 개입니까?

18 크기가 같은 정사각형 6개를 이어 붙여 만든 도형을 헥토미노라고 합니다. 헥토미노 중에서 선대칭도형을 3개 만든 뒤 모눈종이에 그려 보시오.

19 헥토미노 중에서 점대칭도형을 3개 만든 뒤 모눈종이에 그려 보시오.

 가로가 24 cm인 직사각형 ㄱㄴㄷㄹ을 회전시켜 직사각형 ㄴㅂㄹㅁ을
만들었습니다. 물음에 답하시오. [1~3]

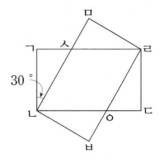

1 사각형 ㅅㄴㅇㄹ은 어떤 사각형인지 모두 찾아 기호를 쓰시오.

> ㉠ 정사각형 ㉡ 평행사변형 ㉢ 직사각형 ㉣ 마름모 ㉤ 사다리꼴

2 직사각형 ㄱㄴㄷㄹ의 넓이는 삼각형 ㄱㄴㅅ의 넓이의 몇 배입니까?

3 선분 ㄴㅇ의 길이는 몇 cm입니까?

4 크기가 같은 정사각형 2개를 겹쳐서 점대칭도형을 만들었
습니다. 이 점대칭도형의 넓이가 82 cm²일 때, 대칭의 중
심이 되는 점과 점 ㄱ 사이의 거리는 몇 cm입니까?

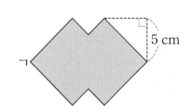

5 오른쪽 그림은 직각삼각형 ㄱㄴㄷ을 꼭짓점 ㄷ을 중심으로 회전시킨 도형입니다. 변 ㄴㄷ과 변 ㄹㅁ이 평행할 때 몇 도를 회전시킨 것입니까?

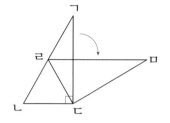

6 오른쪽 사각형 ㄱㄴㄷㄹ은 정사각형이고, 선분 ㄴㅂ과 선분 ㄷㅅ의 길이는 같습니다. 각 ㄹㄱㅁ과 각 ㄹㅅㅁ의 합을 구하시오.

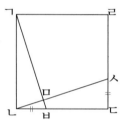

7 오른쪽 그림에서 삼각형 ㄱㄴㄷ과 삼각형 ㄹㅁㄷ은 서로 합동이고, 이등변삼각형입니다. 각 ㄱㄹㅂ의 크기를 구하시오.

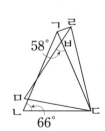

8 오른쪽 도형은 합동인 6개의 작은 정사각형으로 이루어져 있습니다. ㉠과 ㉡의 크기의 합을 구하시오.

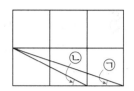

9 정사각형을 대각선으로 접고, 이것을 다시 그림처럼 두 번 접었을 때, ㉮를 구하시오.

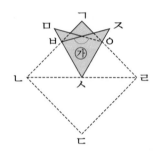

10 점 ㅇ을 대칭의 중심으로 하는 점대칭도형의 일부분입니다. 점 ㅇ은 선분 ㄱㄴ의 가운데 점이고, 선분 ㄱㄹ의 길이와 선분 ㅁㄴ의 길이는 각각 선분 ㄱㄴ의 길이의 $\frac{1}{8}$입니다. 점대칭도형을 완성했을 때 점 ㄷ의 대응점을 점 ㅂ이라고 한다면, 사각형 ㅂㅁㄷㄹ의 넓이는 몇 cm²입니까?

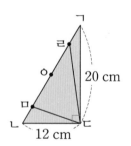

11 직선 가에 대하여 점 ㄱ의 대응점은 점 ㄴ이고, 직선 나에 대하여 점 ㄱ의 대응점은 점 ㄷ입니다. 각 ㄷㄹㄴ이 90°일 때 ㉠을 구하시오.

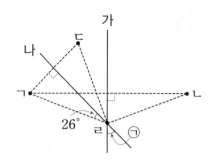

12 점 ㅇ을 대칭의 중심으로 하는 점대칭도형을 완성하였을 때, 완성된 도형의 넓이를 구하시오.

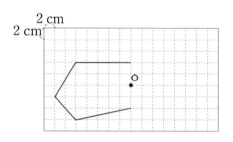

13 오른쪽 그림에서 선분 ㄱㄴ을 대칭축으로 하는 선대칭도형과 점 ㅇ을 대칭의 중심으로 하는 점대칭도형을 각각 완성하였을 때 완성된 선대칭도형과 점대칭도형에서 겹친 부분의 넓이를 구하시오.

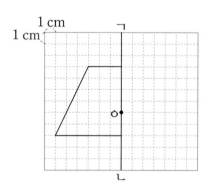

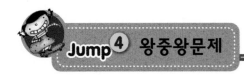

14 원 모양의 종이를 그림과 같은 순서로 접어 점 ㄷ과 점 ㄱ을 지나는 점선을 따라 잘랐을 때, 색칠한 부분의 펼친 모양을 원 안에 그려 넣으시오. (단, 점 ㄷ은 선분 ㄴㅇ의 가운데 점입니다.)

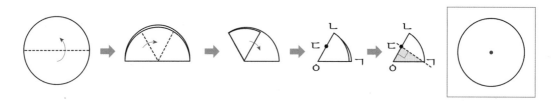

15 ０,１,２,３,４,５,６,７,８,９와 같이 디지털 숫자가 나오는 숫자판이 있습니다. 오른쪽과 같이 1001은 180° 회전시켜도 1001이 됩니다. 2000부터 3000까지의 자연수 중에서 이 숫자판에 나타내었을 때 180° 회전시켜도 똑같은 수를 나타내는 수는 몇 개입니까?

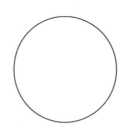

16 다음 원에 알맞은 도형을 그려 넣어 대칭 축이 5개인 도형이 되도록 만드시오.

17 크기가 같은 정삼각형이 5개 있습니다. 정삼각형 중에서 4개 또는 5개를 변끼리 맞닿게 이어 붙여서 여러 가지 모양을 만들 때, 만들 수 있는 도형 중에서 선대칭도형은 모두 몇 가지입니까? (단, 뒤집거나 돌려서 같은 모양은 한 가지로 생각합니다.)

18 한 변의 길이가 20 cm인 정사각형 두 개를 겹쳐서 다음과 같은 선대칭도형을 만들었습니다. 이 선대칭도형의 넓이가 736 cm²이면 둘레의 길이는 몇 cm인지 구하시오.

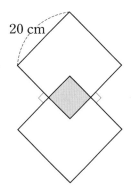

20 cm

19 다음 도형은 선대칭도형이 아닙니다. 이 도형이 선대칭도형이 되도록 선분 2개를 더 그으려고 합니다. 3가지의 서로 다른 방법으로 그어 보시오. (단, 선분의 양 끝점 중 적어도 한 점은 정오각형의 꼭짓점이어야 합니다.)

1 도형에서 변 ㄱㄴ과 변 ㄴㄷ의 길이는 같고, 삼각형 ㄱㄷㄹ과 삼각형 ㄱㄴㅁ은 정
삼각형일 때, ㉠과 ㉡을 각각 구하시오.

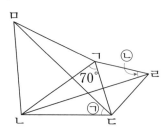

2 색칠된 도형을 직선 가에 대하여 선대칭이 되도록 색을 칠한 후 다시 직선 나에 대
하여 선대칭이 되도록 색을 칠할 때, 완성된 그림에서 색이 칠해지지 않는 작은
정사각형의 개수는 모두 몇 개입니까?

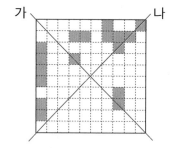

소수의 곱셈

1. (소수) × (자연수) 알아보기
2. (자연수) × (소수) 알아보기
3. (소수) × (소수) 알아보기
4. 곱의 소수점의 위치 알아보기

 이야기 **수학**

※ **동양에서의 소수의 기원**

동양에서도 소수에 대한 생각은 옛날부터 있었습니다. 동양에서는 소수의 기원인 10진법이 유럽보다 먼저 발달하였으며, 다음과 같은 작은 수를 가리키는 말에서도 그 유래를 찾아볼 수 있습니다.

중국에서는 작은 수를 분, 리, 모, 사, 홀, 미, 섬, 사, 진, 애, 묘, 막, 모호, 준순, 수유, 순식, 탄지, 찰라, 윤덕, 허공, 청정 등으로 불렀습니다. 이것은 모두 10진법으로서, 작은 수를 가리키며 다음과 같은 일상어에서 쓰였습니다.

• <u>홀연</u>히 사라졌습니다.   • <u>섬세</u>한 섬유   • <u>막연</u>합니다.   • <u>애매모호</u>

위와 같은 수는 11세기 경의 것으로 스테빈(Stevin)의 소수보다 무려 500년이나 앞선 것입니다. 소수로 나타낼 때 편리한 점은 소수는 분수보다 수의 크기를 비교하기가 더 쉽고 분모가 다른 분수의 덧셈·뺄셈보다 소수의 덧셈·뺄셈이 계산하기 더 쉽지만 불편한 점으로는 $\frac{1}{3}$과 $\frac{1}{7}$과 같이 소수로 나타낼 수 없는 분수가 있다는 것입니다.

🏀 0.6 × 3의 계산

- 0.1의 개수로 계산하기
  0.6은 0.1이 6개입니다.
  0.6 × 3은 0.1이 6개씩 3묶음이므로
  0.1이 모두 18개입니다.
  따라서 0.6 × 3 = 1.8입니다.
- 덧셈식으로 계산하기
  $0.6 × 3 = 0.6 + 0.6 + 0.6 = 1.8$
- 소수를 분수로 고쳐서 계산하기
  $$0.6 × 3 = \frac{6}{10} × 3 = \frac{6 × 3}{4} = \frac{18}{10} = 1.8$$

🏀 3.41 × 2의 계산

- 0.01의 개수로 계산하기
  3.41은 0.01이 341개이므로 3.41 × 2는
  0.01이 341 × 2 = 682(개)입니다.
  따라서 3.41 × 2 = 6.82입니다.
- 덧셈식으로 계산하기
  $3.41 × 2 = 3.41 + 3.41 = 6.82$
- 소수를 분수로 고쳐서 계산하기
  $$3.41 × 2 = \frac{341}{100} × 2 = \frac{341 × 2}{100}$$
  $$= \frac{682}{100} = 6.82$$

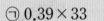

1 곱이 가장 큰 것부터 기호를 쓰시오.

> ㉠ $0.39 × 33$ ㉡ $0.43 × 58$
>
> ㉢ $1.2 × 31$ ㉣ $1.08 × 24$

2 한 시간에 62.5 km씩 가는 자동차가 있습니다. 이와 같은 속도로 5시간 동안 쉬지 않고 달린다면 이 자동차는 몇 km 를 갈 수 있습니까?

3 한별이가 자전거 바퀴를 한 바퀴 돌린 후 앞으로 나아간 거리를 재어 보니 1.85 m였습니다. 자전거 바퀴를 6바퀴 돌렸을 때 앞으로 나아간 거리는 몇 m입니까?

4 0.07일은 몇 시간 몇 분 몇 초입니까?

④ 1일은 24시간이고 1시간은 60분, 1분은 60초입니다.

핵심 응용 다음과 같이 규칙적으로 나열된 수에서 30번째 수는 얼마입니까?

$$3.9,\ 4.8,\ 5.7,\ 6.6,\ \cdots\cdots$$

💡 생각열기 먼저 나열된 수에서 규칙을 찾아 봅니다.

풀이 나열된 수는 [ ]씩 커지는 규칙입니다.

2번째 수는 3.9에 [ ]를 [ ]번 더한 수, 3번째 수는 3.9에 [ ]를 [ ]번 더한 수, 4번째 수는 3.9에 [ ]를 [ ]번 더한 수, ……이므로 ■번째 수는 3.9에 [ ]를 (■ − [ ])번 더한 수입니다.

따라서 30번째 수는 3.9에 [ ]를 [ ]번 더한 수이므로

$$3.9 + [\ ] \times [\ ] = 3.9 + [\ ] = [\ ]$$ 입니다.

답 _____

1 길이가 각각 4.3 cm인 종이 테이프 16장을 0.6 cm씩 겹치게 일렬로 길게 이어서 고리 모양의 띠를 하나 만들었습니다. 띠의 둘레는 몇 cm입니까?

2 세로가 12 m, 가로가 22.5 m인 직사각형 모양의 수영장이 있습니다. 수영장 둘레를 따라 2.5 m 폭의 콘크리트의 포장 길을 만들었다면 포장된 길의 넓이는 몇 m²가 되겠습니까?

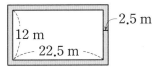

📍 3 × 0.8의 계산

- 소수를 분수로 고쳐서 계산하기

$$3 \times 0.8 = 3 \times \frac{8}{10} = \frac{3 \times 8}{10} = \frac{24}{10} = 2.4$$

- 자연수의 곱셈과 비교하여 계산하기

$$3 \times \ 8 \ = 24$$
$$\frac{1}{10}배 \quad \frac{1}{10}배$$
$$3 \times 0.8 = 2.4$$

- 곱하는 수가 $\frac{1}{10}$배가 되면 곱의 결과도 $\frac{1}{10}$배가 됩니다.

📍 4 × 1.8의 계산

여러 가지 방법으로 계산할 수 있습니다.

- $4 \times 1.8 = 4 \times \frac{18}{10} = \frac{4 \times 18}{10}$

$$= \frac{72}{10} = 7.2$$

- $4 \times 1.8 = 4 \times (1 + 0.8)$
  $$= (4 \times 1) + (4 \times 0.8)$$
  $$= 4 + 3.2 = 7.2$$

- $4 \times 1.8 = 1.8 \times 4 = \frac{18}{10} \times 4 = 7.2$

- $4 \times 18 = 72 \ \Rightarrow \ 4 \times 1.8 = 7.2$

---

1 굵기가 일정한 철사 1 m의 무게가 48 g입니다. 이 철사 5.25 m의 무게는 몇 g입니까?

① 철사의 길이가 5.25배이므로 무게도 5.25배가 됩니다.

2 큰 물통에 8.5 L의 물이 들어 있습니다. 이 물통에 4 L들이의 주전자에 0.9만큼 들어 있는 물을 더 부었다면 큰 물통에는 몇 L의 물이 들어 있겠습니까?

3 도형의 넓이를 구하시오.

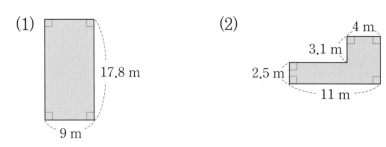

(1) 17.8 m / 9 m

(2) 4 m / 3.1 m / 2.5 m / 11 m

4 어느 초등학교의 작년 입학생 수는 재작년 입학생 수의 0.79배이고, 올해의 입학생 수는 작년 입학생 수의 1.5배입니다. 재작년 입학생 수가 200명이라면 올해 입학생 수는 몇 명입니까?

④ 주어진 재작년 입학생 수를 이용하면 작년 입학생 수를 구할 수 있습니다.

핵심 응용

귤이 모두 35 kg 있습니다. ㉮ 상자에 전체의 0.4를 담고, ㉯ 상자에 나머지의 0.6을 담고, ㉰ 상자에 남은 귤을 모두 담았습니다. ㉮ 상자에 담은 귤은 ㉰ 상자에 담은 귤보다 몇 kg 더 많습니까?

생각열기 세 상자에 담은 귤의 무게를 각각 구해 봅니다.

풀이 (㉮ 상자에 담은 귤의 무게)＝$35 \times 0.4 = \boxed{}$ (kg)

(㉯ 상자에 담은 귤의 무게)＝$(35 - \boxed{}) \times 0.6 = \boxed{}$ (kg)

(㉰ 상자에 담은 귤의 무게)＝$35 - \boxed{} - \boxed{} = \boxed{}$ (kg)

따라서 ㉮ 상자에 담은 귤은 ㉰ 상자에 담은 귤보다 $\boxed{} - \boxed{} = \boxed{}$ (kg) 더 많습니다.

답 _____

1 (A, B)는 A와 B의 곱의 자연수 부분을, ⟨A, B⟩는 A와 B의 곱의 소수 부분을 나타낸다고 할 때, 다음을 계산하시오. (예를 들어 $2 \times 0.8 = 1.6$에서 자연수 부분은 1, 소수 부분은 0.6이므로 $(2, 0.8) = 1$, $⟨2, 0.8⟩ = 0.6$입니다.)

$$((9, 2.69), ⟨15, 1.33⟩)$$

2 소리는 기온이 15 ℃일 때 1초에 340 m씩 갑니다. 기온이 1 ℃ 올라갈 때마다 소리가 1초에 0.5 m씩 더 멀리 간다면, 기온이 34 ℃일 때 소리는 1초에 몇 m를 가겠습니까?

3 한 장의 두께가 0.07 cm인 종이가 있습니다. 이 종이를 반으로 잘라 그 위에 겹쳐 놓고, 그것을 다시 반으로 잘라 그 위에 또 겹쳐 놓으면서 종이를 쌓아 올렸습니다. 이와 같은 방법으로 종이를 7번을 잘라서 그 위에 겹쳐 놓았을 때 쌓인 종이 전체의 높이는 몇 cm가 되겠습니까?

📖 0.6 × 0.7의 계산

- 소수를 분수로 고쳐서 계산하기

$$0.6 \times 0.7 = \frac{6}{10} \times \frac{7}{10} = \frac{42}{100} = 0.42$$

- 자연수의 곱셈과 비교하여 계산하기

$$6 \times 7 = 42$$
$$\frac{1}{10}배 \quad \frac{1}{10}배 \quad \frac{1}{100}배$$
$$0.6 \times 0.7 = 0.42$$

📖 1.24 × 2.3의 계산

- 소수를 분수로 고쳐서 계산하기

$$1.24 \times 2.3 = \frac{124}{100} \times \frac{23}{10} = \frac{2852}{1000}$$
$$= 2.852$$

- 자연수의 곱셈과 비교하여 계산하기

$$124 \times 23 = 2852$$
$$\frac{1}{100}배 \quad \frac{1}{10}배 \quad \frac{1}{1000}배$$
$$1.24 \times 2.3 = 2.852$$

 Jump 도우미

1 A에 알맞은 수를 구하시오.

$$1.5 \times 0.84 = A \div 2$$

2 한 변이 1.8 m인 정사각형과 가로가 0.97 m, 세로가 1.4 m인 직사각형이 있습니다. 어느 도형이 몇 m² 더 넓습니까?

3 그림자의 길이가 실제 길이의 0.25배만큼 더 늘어나는 시각에 다음과 같은 나무는 그림자의 길이가 몇 m가 되겠습니까?

❸ 그림자의 길이가 실제 길이의 몇 배가 되는지 알아봅니다.

5.4 m

4 한 사람이 10초 동안 마시는 공기의 양이 0.83 L라고 할 때, 한 사람이 5.7분 동안 마시는 공기의 양은 몇 L입니까?

 핵심 응용

효근이는 A지역에서 B지역을 향하여 1시간에 4.8 km의 빠르기로, 상연이는 B지역에서 A지역을 향하여 1시간에 3.6 km의 빠르기로 걸었습니다. 두 사람이 동시에 출발하여 1시간 48분 만에 만났다면 A와 B지역 사이의 거리는 몇 km입니까?

💡 생각열기 두 사람이 걷는 속도를 이용하여 거리를 구합니다.

풀이 A지역과 B지역 사이의 거리는 1시간 48분 동안 두 사람이 간 거리의 합입니다.

1시간 48분 $= 1\dfrac{48}{\boxed{}}$ 시간 $= 1\dfrac{\boxed{}}{10}$ 시간 $= \boxed{}$ 시간이고,

한 시간 동안 두 사람이 간 거리의 합은 $\boxed{} + \boxed{} = \boxed{}$ (km)이므로

1시간 48분 동안 두 사람이 간 거리의 합은 $\boxed{} \times \boxed{} = \boxed{}$ (km)입니다.

따라서 두 지역 사이의 거리는 $\boxed{}$ km입니다.

답 _____

 1 한솔이의 몸무게는 아버지의 몸무게의 0.8배보다 11.7 kg 가볍고, 어머니의 몸무게는 한솔이의 몸무게의 1.3배입니다. 아버지의 몸무게가 75 kg이라면, 어머니의 몸무게는 몇 kg입니까?

 2 벽에 가로 1 m, 세로 2 m인 직사각형 모양의 종이를 10 cm씩 겹쳐서 오른쪽 그림과 같이 가로로 5장씩 4줄을 붙였습니다. 종이를 붙인 벽의 넓이는 몇 m²입니까?

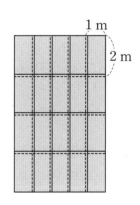

 3 어떤 정사각형에서 가로를 3.5 m, 세로를 1.5 m 늘여 직사각형을 만들면 넓이가 처음보다 40.25 m² 더 늘어난다고 합니다. 처음 정사각형의 한 변은 몇 m입니까?

🏀 소수에 10, 100, 1000 곱하기

소수점을 0의 개수만큼 오른쪽으로 옮깁니다.

$$4.35 \times 10 = 43.5$$
$$4.35 \times 100 = 435$$
$$4.35 \times 1000 = 4350$$

🏀 자연수에 0.1, 0.01, 0.001 곱하기

소수점을 소수 아랫자리만큼 왼쪽으로 옮깁니다.

$$245 \times 0.1 = 24.5$$
$$245 \times 0.01 = 2.45$$
$$245 \times 0.001 = 0.245$$

🏀 곱의 소수점의 위치

- (자연수) × (소수)에서 곱의 소수점의 위치는 곱하는 소수의 소수점의 위치와 같습니다.
- 곱에 소수점을 찍을 때 소수점 아래 자리에 자릿수가 모자라면 0을 더 채워 쓰고 소수점을 찍습니다.

$$9 \times 6 = 54$$
$$9 \times 0.6 = 5.4$$
$$9 \times 0.06 = 0.54$$
$$9 \times 0.006 = 0.054$$

1 $139 \times 27 = 3753$입니다. 관계있는 것끼리 선으로 이으시오.

139×0.027	•	•	375.3
139×2.7	•	•	0.3753
1.39×0.27	•	•	3.753

2 $519 \times 47 = 24393$을 이용하여 기호에 알맞은 수를 구하려고 합니다. ㉠~㉣ 중 가장 큰 수는 어느 것입니까?

$$5.19 \times 47 = ㉠ \qquad 51.9 \times ㉡ = 2439.3$$
$$0.519 \times ㉢ = 2.4393 \qquad ㉣ \times 0.00047 = 0.24393$$

3 상연이가 키우는 식물은 0.428 m까지 자랐고 예슬이가 키우는 식물은 40.7 cm까지 자랐습니다. 누구의 식물이 더 크게 자랐습니까?

4 $3.7 \times 210 \times 15 = 11655$일 때, 가에 알맞은 수를 구하시오.

$$37 \times 가 \times 150 = 116.55$$

Jump 도우미

④ 곱의 소수점이 오른쪽으로 이동했으면 10, 100, 1000, ……을 곱한 것이고, 왼쪽으로 이동했으면 0.1, 0.01, 0.001, ……을 곱한 것입니다.

핵심 응용

0.5769에 100을 곱한 수와 가에 0.1을 곱한 수의 차는 53.49입니다. 가가 될 수 있는 수를 모두 구하시오.

생각열기 두 수의 차가 53.49인 경우는 두 가지가 나옵니다.

풀이 가에 0.1을 곱한 수를 나라고 합니다.

0.5769에 100을 곱한 수는 0.5769×100= [   ] 입니다.

두 수의 차가 53.49인 경우는 다음과 같습니다.

① [   ] −나=53.49 ➡ 나= [   ] −53.49= [   ]

② 나− [   ] =53.49 ➡ 나= [   ] +53.49= [   ]

따라서 가×0.1=나에서 가=나× [   ] 이므로 가는 [   ] ×10= [   ] 또는

[   ] ×10= [   ] 입니다.

 _____

1 어떤 소수 한 자리 수에 10을 곱한 값을 십의 자리 아래 수를 버림하면 350이 되고, 일의 자리에서 반올림하면 360이 됩니다. 이 소수 한 자리 수에 0.1을 곱한 값의 소수 둘째 자리 숫자가 5라고 할 때, 이 소수 한 자리 수를 구하시오.

2 ㄱ.ㄱㄱ×0.ㄱㄴ의 값이 2.[ ][ ][ ]8일 때, ㄱ과 ㄴ에 알맞은 숫자를 각각 구하시오.

3 다음을 계산하시오.

$$1.51+1.54+1.57+\cdots+3.61+3.64$$

1 그림과 같이 가로가 1 m이고, 세로가 50 cm인 도배지 4장을 가로로 2.5 cm씩 겹치게 한 줄로 이어 붙였습니다. 이어 붙인 도배지 전체의 넓이는 몇 cm²입니까?

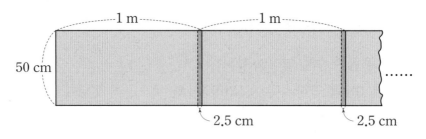

2 어느 초등학교의 여학생은 375명이고 남학생 수는 여학생 수의 1.2배입니다. 수학을 좋아하는 학생이 전체 학생의 0.48이고, 수학을 좋아하는 남학생은 전체 남학생의 0.6입니다. 수학을 좋아하는 여학생은 몇 명입니까?

3 어떤 높이에서 공을 떨어뜨리면 떨어진 높이의 0.7만큼 튀어 오르는 공과 떨어진 높이의 0.4만큼 튀어 오르는 공이 있습니다. 두 공을 같은 높이에서 떨어뜨렸을 때, 두 번째로 튀어 오른 높이의 차가 1 m 32 cm라면 처음에 공을 떨어뜨린 높이는 몇 m입니까?

4 오른쪽 그림과 같이 끈을 화살표 방향으로 돌려 한 모서리의 길이가 8.5 cm인 정육면체 모양의 상자를 감았더니, 10바퀴가 감기고 상자의 한 면이 더 감겼습니다. 끈의 길이는 몇 cm입니까? (단, 끈의 두께는 생각하지 않습니다.)

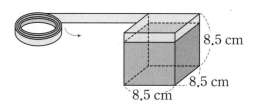

5 석기는 길이가 45 m인 철사를 사서 0.6은 미술 시간에 사용하고, 남은 철사의 0.25는 친구에게 나누어 주었습니다. 석기에게 남은 철사의 길이는 몇 m입니까?

6 멜론 180개를 459000원에 사 와서 보니 전체의 0.15가 썩어 있었습니다. 썩지 않은 멜론을 팔아서 산 가격의 0.2만큼 이익을 얻으려면 멜론 한 개에 얼마씩 팔면 됩니까?

7 세 수 가, 나, 다가 있습니다. 가의 2.25배와 나와 다의 합은 140이고, 나보다 15 작은 수는 가의 4.375배와 같습니다. 나와 다는 같다고 할 때, 가, 나, 다를 각각 구하시오.

8 한 시간에 75.8 km를 가는 빠르기로 1 km를 달리는 데 휘발유 0.16 L가 필요한 자동차가 있습니다. 이 자동차를 타고 같은 빠르기로 3시간 15분 동안 달렸다면 사용한 휘발유는 몇 L입니까?

9 오른쪽 곱셈식에서 □ 안에 알맞은 숫자를 써넣으시오.

$$
\begin{array}{r}
\square\,.\,\square\ 2 \\
\times\quad 0\,.\,5\ \square \\
\hline
3\ \square\ 5\ 2 \\
\square\ \square\ 1\ \square \\
\hline
3\,.\,\square\ 3\ \square\ 2
\end{array}
$$

10 가▲나＝(가＋나)×가, 가●나＝가×(나－가)라고 할 때 다음을 계산하시오.

$$2.45 ● (2.4 ▲ 3.7)$$

11 가로가 20 cm, 세로가 10 cm인 직사각형 모양의 종이 (가)와 (나)가 있습니다. 이것을 그림과 같이 2 cm의 폭으로 자른 후 연결하여 가장 긴 테이프를 만들었을 때, (가)와 (나) 중 어느 것이 몇 cm 더 길겠습니까? (단, 이을 때 겹쳐지는 부분은 각각 0.5 cm로 합니다.)

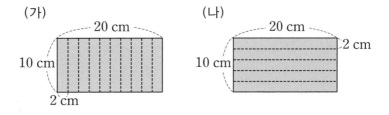

12 규칙에 따라 늘어놓은 소수들의 합을 구하시오.

$$0.174, 0.176, 0.178, \cdots\cdots, 0.216, 0.218, 0.22$$

13 □ 안에 4장의 숫자 카드 2, 5, 3, 7 을 한 번씩만 넣어 곱이 가장 작은 곱셈식을 만들었습니다. 이때, 곱의 각 자리 숫자의 합을 구하시오.

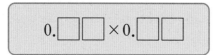

$$0.\square\square \times 0.\square\square$$

14 안쪽의 지름이 5.6 cm, 바깥쪽의 지름이 7.2 cm인 고리가 여러 개 있습니다. 이러한 고리 32개를 아래 그림과 같이 팽팽하게 연결하였을 때, 총 길이를 구하시오.

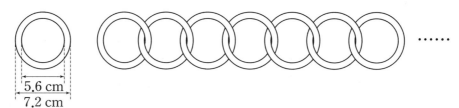

15 경주의 문화재 중에서 다보탑의 실제 높이는 10.4 m입니다. 경주의 기념품 가게에서 이것을 $\frac{1}{40}$배로 한 모형을 판다고 할 때, 모형의 높이는 몇 m입니까?

16 주연이와 민정이는 그림과 같이 둘레가 900 m인 운동장의 같은 곳에서 출발하여 반대 방향으로 걷습니다. 주연이는 1분에 0.14 km를 걷고, 민정이는 1분에 0.16 km를 걸을 때 주연이와 민정이가 동시에 걷기 시작하여 몇 분 후에 처음으로 만나게 됩니까?

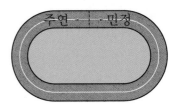

17 민준이가 운동을 하기 위해 집에서 출발하였습니다. 민준이가 출발하고 30분 후에 형이 자전거를 타고 민준이를 따라 갔습니다. 민준이는 1분에 0.18 km를 걷고, 형은 1분에 0.45 km를 가는 빠르기로 자전거를 탈 때 형이 민준이와 만나는 때는 민준이가 출발하고 몇 분 후입니까?

18 □ 안에 숫자 카드의 수를 한 번씩 써넣어서 곱셈식을 만들려고 합니다. 곱이 가장 클 때의 곱을 구하시오. (단, 소수점 아래 가장 끝자리 숫자는 0이 될 수 없습니다.)

1 색칠한 부분의 넓이를 구하시오.

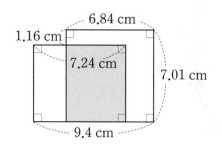

2 ㉠, ㉡, ㉢, ㉣은 서로 다른 숫자이고, 같은 기호는 같은 숫자를 나타냅니다. 오른쪽 식을 만족하는 ㉠, ㉡, ㉢, ㉣을 각각 구하시오.

$$
\begin{array}{r}
㉠\ ㉡\ ㉢.㉠\ ㉡ \\
\times \qquad\qquad 9 \\
\hline
㉣\ ㉣\ ㉣\ ㉣.㉣\ ㉣
\end{array}
$$

3 어느 공장에서 물건을 만드는 데 100명의 사람이 3시간 15분 동안 일을 하고, 절반의 사람들이 1시간 30분 동안 일을 더 하여 만들어야 할 물건의 0.8을 만들었습니다. 나머지 일을 16명이 하여 끝내려면 몇 시간 몇 분 더 일을 해야 합니까? (단, 각 사람이 한 시간 동안 하는 일의 양은 일정합니다.)

4 지금부터 5년 후에는 어머니의 나이가 효근이의 나이의 $2\frac{4}{9}$배가 되고, 지금부터 11년 후에는 아버지의 나이가 어머니의 나이의 1.02배가 됩니다. 현재 효근이가 13살일 때, 11년 후의 아버지의 나이를 구하시오.

5 오른쪽 곱셈식에서 같은 기호는 같은 숫자를 나타내며 다른 기호는 서로 다른 숫자입니다. ㉠~㉤ 중에서 가장 작은 숫자의 기호를 쓰시오.

$$
\begin{array}{r}
㉠.㉡\ ㉢ \\
\times\quad\quad ㉣.6 \\
\hline
㉣\ ㉤\ ㉠\ ㉣ \\
㉡\ ㉢\ 1\ 6\quad\ \\
\hline
㉤\ ㉤.5\ ㉤\ 4
\end{array}
$$

6 한초는 한 시간에 12 km의 빠르기로 A지역에서 B지역을 향하여 가고, 동민이는 한 시간에 10 km의 빠르기로 B지역에서 A지역을 향하여 가고 있습니다. 동민이는 한초보다 1.4시간 빨리 출발하였고, 두 사람이 A와 B지역의 중간 지점에서 A지역쪽으로 2.5 km 떨어진 곳에서 만났다면, A와 B지역 사이의 거리는 몇 km입니까?

7 한 변의 길이가 5.26 cm인 정사각형 15개를 그림과 같이 꼭짓점이 맞닿게 이어 붙였습니다. 이어 붙여서 만든 도형의 둘레는 몇 cm입니까?

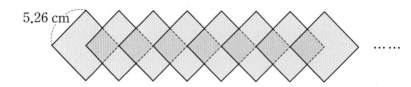

5.26 cm

8 민재와 현우는 둘레가 4 km인 공원 둘레를 따라 자전거를 타려고 합니다. 민재는 1분에 0.16 km를 가고 현우는 1분에 0.24 km를 가는 빠르기로 자전거를 탈 때 두 사람이 같은 곳에서 같은 방향으로 동시에 출발한 후 처음으로 다시 만나게 될 때까지 걸리는 시간은 몇 분 후입니까?

9 다음과 같이 딸기와 설탕을 섞어서 딸기잼을 만들었습니다. 만든 딸기잼을 0.5 kg당 5000원을 받고 모두 팔았다면 이익은 얼마입니까?

	딸기	설탕
1 kg당 가격	4500원	1200원
섞은 양	3.6 kg	0.4 kg

10 예슬, 상연, 한별 세 사람 중 두 사람씩의 몸무게를 합하여 2로 나눈 값이 각각 42.5 kg, 49.2 kg, 45.3 kg이라고 합니다. 예슬이가 가장 무겁고 한별이가 가장 가볍다고 할 때, 상연이의 몸무게는 몇 kg입니까?

11 소수 한 자리 수 가와 나가 있습니다. 가와 나의 합은 13.1이고, 가에서 나를 뺄 때 가의 소수점을 빠뜨리고 계산해서 67.2가 되었습니다. 가와 나의 곱을 구하시오.

12 오른쪽 그림과 같이 한 변이 10 cm인 정사각형 모양의 색종이를 일정한 간격으로 포개어 놓았습니다. 물음에 답하시오.

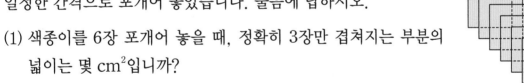

(1) 색종이를 6장 포개어 놓을 때, 정확히 3장만 겹쳐지는 부분의 넓이는 몇 cm²입니까?

(2) 색종이를 100장 포개어 놓을 때, 정확히 3장만 겹쳐지는 부분의 넓이는 몇 cm²입니까?

13 오른쪽 도형은 크기가 같은 정사각형 10개를 맞붙여 놓은 것입니다. 선분 ㄱㄴ의 길이가 5.3 cm일 때, 이 도형의 넓이는 몇 cm²입니까?

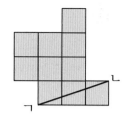

14 A, B 두 도시를 연결하는 도로 공사의 일꾼들을 가 조와 나 조로 나누어 각각 A와 B 도시에서부터 공사를 시작하였습니다. 가 조는 매일 3.7 km, 나 조는 매일 1.7 km씩 도로를 이어 나가는데, 두 조가 만나고 보니 가 조는 나 조보다 20 km를 더 많이 이었습니다. 두 도시를 연결한 도로의 총 길이는 몇 km입니까?

15 1분 동안 종이학을 웅이는 4개, 한초는 6개 만들 수 있습니다. 또, 1분 동안 종이배를 웅이는 8개, 한초는 10개 만들 수 있습니다. 두 사람이 함께 30분 동안 종이학과 종이배를 만들었는데 처음 몇 분 동안은 종이학을 같이 만들고, 나중 몇 분 동안은 종이배를 같이 만들었습니다. 종이학과 종이배를 합해 392개를 만들었다면 만든 종이학과 종이배는 각각 몇 개입니까?

16 A 열차는 길이가 1820 m인 터널을 완전히 통과하는 데에 1분 25초가 걸렸습니다. 또, 길이가 A 열차 길이의 1.2배인 B 열차가 A 열차와 같은 빠르기로 길이가 2690 m 인 터널을 완전히 통과하는 데에 2분 4초가 걸렸습니다. B 열차의 길이를 구하시오.

17 다음과 같이 0.01에서부터 소수 두 자리 수 35개를 차례로 곱할 때 곱은 소수 몇 자리 수입니까? (단, 곱의 소수점 아래 끝자리에 있는 숫자 0은 생략하여 나타냅니다.)

$$0.01 \times 0.02 \times 0.03 \times \cdots\cdots \times 0.10 \times \cdots\cdots \times 0.20 \times \cdots\cdots \times 0.30 \times \cdots\cdots \times 0.34 \times 0.35$$

18 나무를 모두 심는 데 8명이 함께 심으면 4시간 12분이 걸립니다. 처음에 8명이 같이 나무를 심기 시작하였고 중간에 3명이 그만두었습니다. 남은 5명이 나무를 계속 심어서 처음 심기 시작한지 5시간 24분만에 끝마쳤습니다. 8명이 함께 나무를 심은 시간은 몇 시간 몇 분입니까?

1 수를 넣으면 보기와 같이 나오는 요술 상자 A와 B가 있습니다. 다음과 같이 수를 넣을 때 나오는 수 ㉠, ㉡에 대하여 ㉠×㉡의 값을 구하시오.

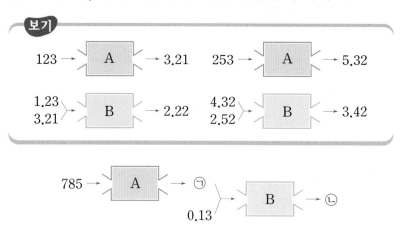

2 정사각형 모양의 합판에서 가로가 0.4 m인 직사각형 모양의 합판을 잘라 내었더니 남은 합판의 넓이가 24.96 m²였습니다. 잘라낸 합판의 넓이는 몇 m²입니까?

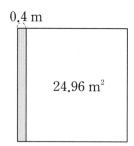

0.4 m

24.96 m²

⑤ 직육면체

이야기 수학

✽ 기하학을 모르는 자는 들어오지 말라

'악법도 법이다' 라는 유명한 말을 남긴 소크라테스(Socrates)의 제자 가운데 플라톤(Plato)이라는 철학자가 있었습니다. 플라톤은 자신을 아껴 주던 스승 소크라테스가 죽자 실의에 빠져 이집트, 시칠리아 등지를 여행했습니다. 그 후 플라톤은 친구들의 영향을 받아 수학을 아주 좋아하게 되었습니다. 플라톤은 다시 그리스에 돌아와서 아테네 근처에 아카데미아(Academia)란 학교를 세웠습니다. 그리고 이 아카데미아에서 기하학을 가르쳤습니다.

오늘날 흔히 학문 연구를 중심으로 하는 대학이나 연구소를 아카데미(Academy)라 부르는 것은 바로 여기서부터 비롯된 것입니다.

이 학교 문에는 다음과 같은 글귀가 쓰여 있었습니다.

'기하학을 모르는 자는 이 문 안에 들어오지 말라.'

이것만으로도 플라톤이 얼마나 수학을 소중하게 여겼는지 알 수 있는 것입니다.

그래서 이 아카데미아에서는 훌륭한 수학자들이 많이 나올 수 있었답니다.

직육면체 알아보기

- 직사각형 6개로 둘러싸인 도형을 직육면체라고 합니다.

- 직육면체에서 선분으로 둘러싸인 부분을 면이라 하고, 면과 면이 만나는 선분을 모서리라고 합니다. 또, 모서리와 모서리가 만나는 점을 꼭짓점이라고 합니다.

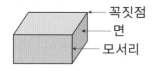
꼭짓점
면
모서리

직육면체의 구성 요소 알아보기

	보이는 부분	보이지 않는 부분	합계
면의 수	3개	3개	6개
모서리의 수	9개	3개	12개
꼭짓점의 수	7개	1개	8개

(참고) 직육면체의 한 꼭짓점에서 만나는 면은 3개이며 3개의 면은 서로 수직입니다.

Jump 도우미

1 도형을 보고 ( ) 안에 알맞은 말을 써넣으시오.

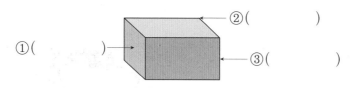
①( ) ②( ) ③( )

2 직육면체에 대하여 물음에 답하시오.

(1) 면은 모두 몇 개입니까?
(2) 모서리는 모두 몇 개입니까?
(3) 꼭짓점은 모두 몇 개입니까?

3 직육면체에서 보이는 모서리는 보이지 않는 모서리보다 몇 개 더 많습니까?

4 오른쪽 직육면체의 모든 모서리의 길이의 합은 몇 cm입니까?

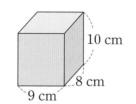
10 cm
8 cm
9 cm

직육면체에서는 길이가 같은 모서리가 각각 4개씩 있습니다.

5 오른쪽 직육면체의 모든 모서리의 길이의 합이 92 cm일 때, ☐ 안에 알맞은 수를 써넣으시오.

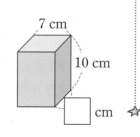
7 cm
10 cm
☐ cm ☆

 핵심 응용

오른쪽 그림과 같이 길이가 150 cm인 끈으로 직육면체 모양의 상자를 묶었더니 끈이 28 cm 남았습니다. ㉠에 알맞은 수를 구하시오. (단, 매듭으로 36 cm를 사용하였습니다.)

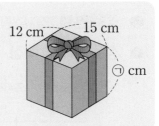

생각 열기 상자를 묶는 데 사용한 끈의 길이가 몇 cm인지 알아봅니다.

풀이 상자를 묶는 데 사용한 끈의 길이는 150 − ▢ = ▢ (cm)입니다.

12 × ▢ + 15 × ▢ + ㉠ × ▢ + ▢ = ▢ 에서

㉠ = (122 − 12 × ▢ − 15 × ▢ − ▢) ÷ ▢ = ▢ ÷ ▢ = ▢

입니다. 따라서 ㉠에 알맞은 수는 ▢ 입니다.

 답 _____

 1 오른쪽 그림과 같이 직육면체 모양의 상자를 테이프로 감았습니다. 사용한 테이프의 길이는 몇 cm입니까?

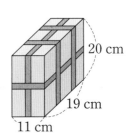

 2 오른쪽 그림과 같은 직육면체 4개를 이어 붙여 큰 직육면체 한 개로 만들 때 큰 직육면체의 모서리의 길이의 합이 가장 큰 경우는 몇 cm이고, 가장 작은 경우는 몇 cm입니까?

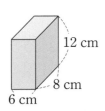

 3 직육면체 모양의 나무막대를 다음과 같은 방법으로 4번 잘랐습니다. 만들어진 직육면체들의 꼭짓점은 모두 몇 개입니까?

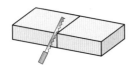   ……

⊛ **정육면체** : 정사각형 6개로 둘러싸인 도형을 정육면체라고 합니다.

⊛ **정육면체의 특징**

면의 수	모서리의 수	꼭짓점의 수	면의 모양	모서리의 길이
6개	12개	8개	정사각형	모두 같습니다.

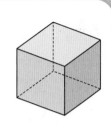

1 정육면체에 대하여 바르게 말한 것을 모두 고르시오.

① 모서리의 길이가 모두 같습니다.

② 꼭짓점은 모두 10개입니다.

③ 면의 모양과 크기가 모두 같습니다.

④ 면은 모두 8개입니다.

⑤ 모서리의 개수는 12개입니다.

Jump 도우미

2 다음 도형을 보고 물음에 답하시오.

❷ 정육면체는 직육면체라고 할
수 있습니다.

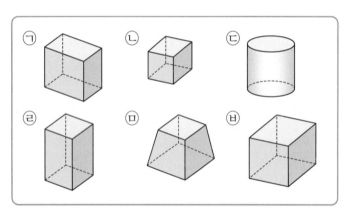

(1) 직육면체를 모두 찾아 기호를 쓰시오.

(2) 정육면체를 모두 찾아 기호를 쓰시오.

3 오른쪽 정육면체의 모든 모서리의 길이의 합은
몇 cm입니까?

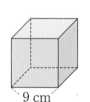

9 cm

모서리의 길이가 모두 같
은 직육면체를 정육면체
라고 합니다.

4 3번의 정육면체를 쌓아서 한 모서리의 길이가 27 cm인 정
육면체를 만들려고 합니다. 한 모서리의 길이가 9 cm인 정
육면체가 몇 개 있어야 합니까?

 오른쪽 그림과 같이 한 모서리의 길이가 4 cm인 정육면체 모양의 나무도막의 여섯 면에 파란색 페인트를 칠하고, 이 나무도막을 한 모서리의 길이가 1 cm인 작은 정육면체로 잘랐습니다. 파란색 페인트가 한 면도 칠해지지 않은 작은 정육면체는 몇 개입니까?

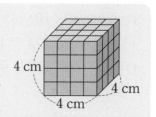

 작은 정육면체의 페인트 칠이 된 면은 0개, 1개, 2개, 3개로 4종류입니다.

풀이 한 모서리의 길이가 1 cm인 작은 정육면체를 색칠된 면의 개수로 분류해보면 색칠된 면이 3개인 작은 정육면체는 큰 정육면체의 꼭짓점마다 ☐개씩 있으므로 모두 ☐개가 있고, 색칠된 면이 2개인 작은 정육면체는 큰 정육면체의 모서리마다 ☐개씩 있으므로 모두 ☐×☐=☐(개)가 있습니다. 또한 색칠된 면이 1개인 작은 정육면체는 큰 정육면체의 면마다 ☐개씩 있으므로 모두 ☐×☐=☐(개)가 있습니다.

따라서 한 면도 칠해지지 않은 작은 정육면체는

☐×☐×☐−(☐+☐+☐)=☐−☐=☐(개)입니다.

답 _____

 1 크기가 같은 정육면체 모양의 상자를 여러 개 쌓아서 직육면체 모양을 만들었습니다. 이 직육면체를 앞에서 보면 10개, 위에서 보면 8개, 옆에서 보면 20개의 작은 정사각형이 보입니다. 쌓여 있는 정육면체 모양의 상자는 모두 몇 개입니까?

 2 다음 그림은 크기가 똑같은 몇 개의 정육면체를 쌓아 놓고 위치에 따라 보이는 모양을 그린 것입니다. 몇 개의 정육면체를 쌓은 것입니까?

(위)

(앞)

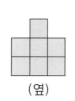
(옆)

- 직육면체에서 서로 마주 보고 있는 면은 서로 평행합니다.
- 직육면체에서 서로 만나는 면은 수직입니다.
- 직육면체에서 평행한 두 면을 밑면이라 하고, 밑면과 수직인 면을 옆면이라고 합니다.

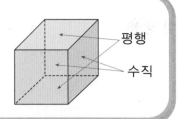

1 오른쪽 직육면체를 보고 물음에 답하시오.

(1) 다음 면과 서로 평행한 면을 찾아 쓰시오.
　① 면 ㄱㅁㅇㄹ
　② 면 ㄱㅁㅂㄴ
　③ 면 ㅁㅂㅅㅇ

(2) 면 ㄹㅇㅅㄷ과 수직인 면을 모두 찾아 쓰시오.

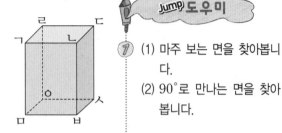

Jump 도우미

① (1) 마주 보는 면을 찾아봅니다.
(2) 90°로 만나는 면을 찾아봅니다.

2 오른쪽 주사위를 보고 물음에 답하시오. (단, 주사위에서 마주 보는 두 면의 눈의 합은 7입니다.)

(1) 2의 눈이 그려진 면과 5의 눈이 그려진 면은 어떤 관계입니까?

(2) 1의 눈이 그려진 면과 평행한 면의 눈은 얼마입니까?

(3) 2의 눈이 그려진 면과 3의 눈이 그려진 면은 어떤 관계입니까?

(4) 눈의 합이 7이 아닌 두 면은 서로 수직이라고 할 수 있습니까?

3 오른쪽 직육면체에서 만나는 면끼리 서로 다른 색이 되도록 색종이를 붙이려고 합니다. 최소한 몇 가지 색의 색종이가 필요합니까?

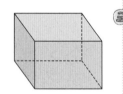

③ 만나지 않는 면에는 같은 색의 색종이를 붙입니다.

4 오른쪽 직육면체에서 점 ㄱ, 점 ㄷ, 점 ㅅ, 점 ㅁ을 이어서 만든 면과 수직인 면을 모두 찾아 쓰시오.

☆

 핵심 응용

오른쪽 그림은 각 면에 서로 다른 6가지 모양이 그려져 있는 정육면체를 세 방향에서 바라본 것입니다. ★이 그려진 면과 마주 보는 면에 그려져 있는 모양은 무엇인지 그려 보시오.

생각 열기 정육면체에서 수직인 면을 이용하여 마주 보는 면을 찾습니다.

풀이 정육면체의 각 면에 그려져 있는 6가지 모양은 ♥, ⬜, ⬜, ⬜, ⬜,

⬜ 입니다. ★이 그려진 면과 수직인 면에 그려진 모양은 첫 번째 그림에서

⬜, ⬜ 이고, 세 번째 그림에서 ⬜, ⬜ 입니다. 따라서 ★이 그려진 면

과 마주 보는 면에 그려져 있는 모양은 ⬜ 입니다.

답 _____

 확인 1

마주 보는 면의 눈의 합이 7인 주사위 6개를 오른쪽 그림과 같이 쌓아 놓았습니다. 맞닿는 두 면의 눈의 합이 각각 7일 때, 바닥에 닿는 면을 포함하여 겉면의 눈을 모두 합하면 얼마입니까?

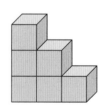

확인 2

오른쪽 그림과 같은 직육면체 모양의 벽돌을 빈틈없이 여러 장 쌓아서 가장 작은 정육면체의 모양을 만들려고 합니다. 만든 정육면체의 모든 모서리의 길이의 합을 구하시오.

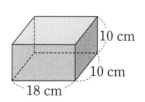
10 cm
10 cm
18 cm

직육면체의 모양을 잘 알 수 있도록 하기 위하여 보이는 모서리는 실선으로, 보이지 않는 모서리는 점선으로 그린 그림을 직육면체의 겨냥도라고 합니다.

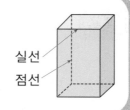

실선
점선

1 오른쪽 직육면체 모양을 겨냥도로 나타내려고 합니다. 바르지 <u>않은</u> 것을 모두 고르시오.

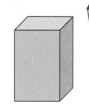

① 보이는 면은 3개입니다.
② 보이는 모서리는 모두 9개입니다.
③ 보이는 모서리는 모두 점선으로 그립니다.
④ 보이지 않는 모서리는 모두 실선으로 그립니다.
⑤ 보이지 않는 면은 3개입니다.

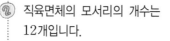

Jump 도우미

2 여러 가지 직육면체의 겨냥도를 그리는 중입니다. 그림에서 빠진 부분을 그려 넣어 직육면체의 겨냥도를 완성하시오.

② 직육면체의 모서리의 개수는 12개입니다.

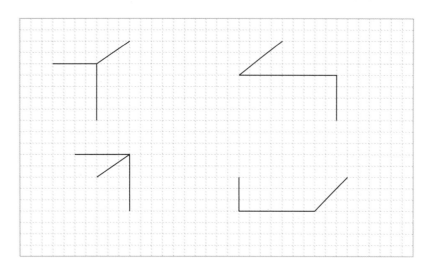

오른쪽 직육면체를 보고 물음에 답하시오. [3~4]

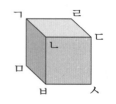

직육면체의 모서리는 길이가 같은 것이 4개씩이며 이 4개의 모서리는 모두 평행합니다.

3 보이지 않는 모서리와 보이지 않는 꼭짓점은 각각 몇 개입니까?

4 꼭짓점 ㅅ에서 보이지 않는 모서리를 그릴 때, 어느 모서리와 평행하게 그려야 합니까?

핵심 응용

어떤 직육면체를 여러 방향에서 보고 그린 모양입니다. 이 직육면체의 모든 모서리의 길이의 합은 몇 cm입니까?

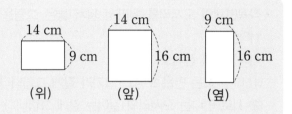

생각 열기 위, 앞, 옆에서 본 모양을 보고 겨냥도를 그려 봅니다.

풀이 겨냥도를 그리면 ㉠=☐, ㉡=☐, ㉢=☐ 입니다.

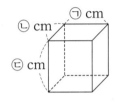

직육면체는 길이가 같은 모서리가 ☐개씩 ☐쌍 있으므로

직육면체의 모든 모서리의 길이의 합은

(☐+☐+☐)×☐=☐(cm)입니다.

답 _____

1

직육면체를 여러 방향에서 보고 그린 모양입니다. ☐ 안에 알맞은 수를 써넣고 겨냥도를 그리시오.

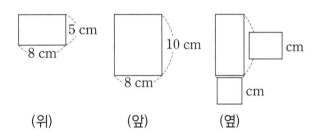

(위)　　　　　(앞)　　　　　(옆)

2

오른쪽은 잘못된 직육면체의 겨냥도입니다. 잘못 그린 모서리의 길이의 합이 24 cm이면 보이는 모서리의 길이의 합은 몇 cm입니까?

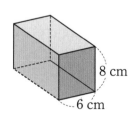

- 직육면체의 모서리를 잘라서 펼쳐 놓은 그림을 직육면체의 전개도라고 합니다.
- 직육면체의 전개도 그리기
  ① 마주 보는 면은 모양과 크기가 같게 그립니다.
  ② 서로 만나는 모서리의 길이는 같게 그립니다.
  ③ 잘리지 않은 모서리는 점선으로 나타냅니다.
  ④ 잘린 모서리는 실선으로 나타냅니다.
  ⑤ 직육면체의 전개도는 펼치는 방법에 따라 여러 가지로 그릴 수 있습니다.

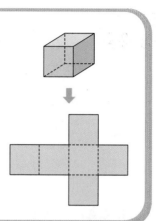

1 오른쪽 직육면체의 전개도를 보고 물음에 답하시오.

    (1) 전개도를 접었을 때 면 ㅎㄷㄹㅍ과 평행한 면을 찾아 쓰시오.

    (2) 전개도를 접었을 때 면 ㄱㄴㄷㅎ과 수직인 면을 모두 찾아 쓰시오.

    (3) 전개도를 접었을 때 점 ㅋ과 만나는 점을 모두 찾아 쓰시오.

    (4) 전개도를 접었을 때 선분 ㅌㅋ과 만나는 선분을 찾아 쓰시오.

2 직육면체의 전개도로 알맞은 것을 모두 고르시오.

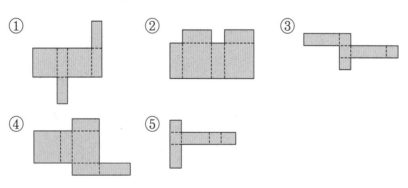

① ② ③ ④ ⑤

3 오른쪽 모눈종이에 직육면체의 전개도를 완성하시오.

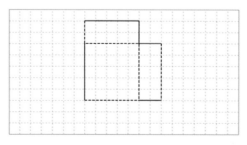

〈정육면체의 전개도〉
펼치는 방법에 따라 여러 가지로 그릴 수 있습니다.

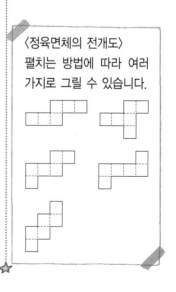

4 한 모서리의 길이가 1 cm인 정육면체의 전개도의 둘레는 몇 cm입니까?

 핵심 응용

오른쪽 그림과 같이 꼭짓점 ㄱ을 출발하여 점 ㅈ을 지나 꼭짓점 ㅅ까지 가는 길이가 가장 짧은 선을 그렸을 때, 점 ㅈ은 꼭짓점 ㄴ으로부터 몇 cm 떨어져 있습니까?

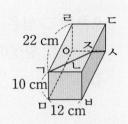

생각열기 전개도를 그려서 길이가 가장 짧은 선을 그려 봅니다.

풀이 두 점을 지나는 길이가 가장 짧은 선은 (직선 , 곡선)이므로 직육면체의 전개도에 꼭짓점 ㄱ을 지나 꼭짓점 ㅅ까지 가는 길이가 가장 짧은 선을 그리면 삼각형 ㄱㅂㅅ이 생깁니다.

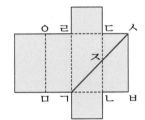

(선분 ㄱㅂ)= □ + □ = □ (cm),

(선분 ㅅㅂ)= □ cm이므로

삼각형 ㄱㅂㅅ은 (정삼각형 , 직각이등변삼각형)이고

삼각형 ㄱㄴㅈ도 (정삼각형 , 직각이등변삼각형)입니다.

따라서 (선분 ㄴㅈ)=(선분 ㄱㄴ)= □ cm이므로

점 ㅈ은 꼭짓점 ㄴ으로부터 □ cm 떨어져 있습니다.

답 _____

확인 1 다음 그림은 정육면체 모양인 주사위의 전개도입니다. 마주 보는 눈의 합이 7이 되도록 빈 곳에 •을 그려 넣으시오.

(1)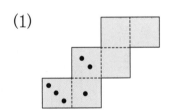

(2)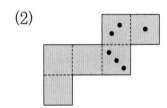

확인 2 오른쪽 그림과 같은 전개도로 직육면체를 만들었을 때, 모든 모서리의 길이의 합은 몇 cm입니까?

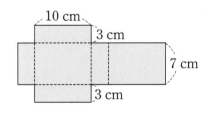

1 오른쪽 그림은 직육면체의 겨냥도를 그리는 중입니다. 직육면체의 겨냥도를 완성하기 위해 더 그려야 하는 실선은 점선보다 몇 cm 더 깁니까?

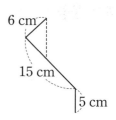

2 오른쪽 직육면체에서 보이는 모서리의 길이의 합은 51 cm입니다. 이 직육면체의 모든 모서리의 길이의 합은 몇 cm입니까?

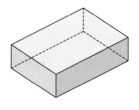

3 오른쪽 그림과 같이 직육면체 모양의 선물 상자를 끈으로 묶었습니다. 매듭을 묶는 데 사용한 끈의 길이가 25 cm일 때, 사용한 끈의 전체 길이는 몇 cm입니까?

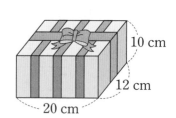

4 1부터 23까지의 자연수 중에서 서로 다른 6개의 수를 골라 오른쪽 정육면체의 면에 1개씩 적으려고 합니다. 이때 정육면체의 마주 보는 두 면에 적힌 수의 곱은 모두 같아야 합니다. 곱이 가장 큰 경우 1이 적힌 면과 수직인 면에 적힌 수 4개의 합을 구하시오.

5 오른쪽 그림과 같이 한 모서리의 길이가 5 cm인 정육면체의 모든 면을 색칠하였습니다. 이 정육면체를 한 모서리의 길이가 1 cm인 작은 정육면체로 모두 잘랐을 때, 색칠된 면이 있는 작은 정육면체는 모두 몇 개입니까?

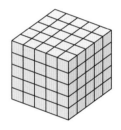

6 다음은 정육면체의 한 꼭짓점 부분을 자른 것입니다. 이와 같은 방법으로 정육면체의 모든 꼭짓점 부분을 잘라서 생기는 입체도형의 꼭짓점은 모두 몇 개입니까?

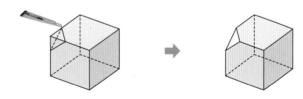

7 2부터 7까지의 수를 오른쪽 정육면체의 각 면에 썼습니다. ㉠, ㉡은 각각 그 꼭짓점에 모이는 세 면의 수의 합입니다. 위를 향하는 면에는 6, 바닥에 닿는 면에는 3을 썼을 때, ㉠과 ㉡의 합은 얼마입니까?

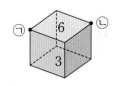

8 정육면체를 보고 전개도의 방향을 생각하여 '가'를 알맞게 써넣으시오.

(1)   (2)

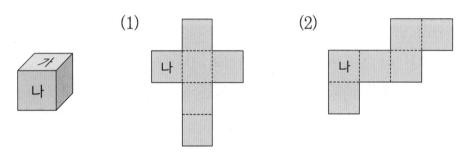

9 오른쪽 그림에서 색칠한 부분과 ①~⑨까지의 면 중 1개를 골라 입체도형의 전개도를 만들려고 합니다. 입체도형의 전개도는 모두 몇 가지가 되겠습니까?

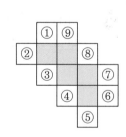

10 〈그림 1〉은 정육면체의 전개도이고 〈그림 2〉는 전개도로 만든 겨냥도입니다. 〈그림 1〉에 그려진 대각선을 〈그림 2〉에 그려 넣으시오.

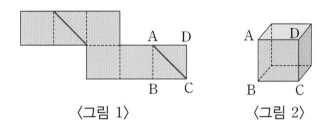

〈그림 1〉　　　　　〈그림 2〉

11 다음 그림과 같은 직육면체에서 A→P→G와 A→Q→G는 꼭짓점 A에서 면 위를 지나 꼭짓점 G까지 가는 가장 짧은 선을 나타내고 있습니다. (1), (2)의 전개도에 지나간 선을 그리고 점 P, Q를 써넣으시오.

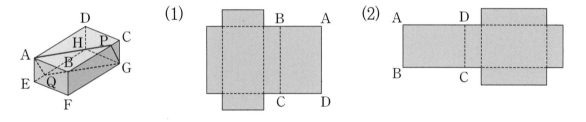

12 직육면체에서 사각형 ㄴㅈㅊㄹ은 직육면체를 평면으로 자른 것이고, 점 ㅈ과 점 ㅊ은 각 모서리의 가운데 점입니다. 사각형 ㄴㅈㅊㄹ의 각 변을 전개도에 그려 넣으시오.

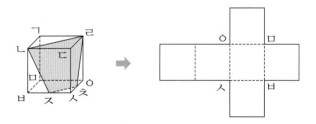

13 오른쪽 그림은 어떤 입체도형을 앞과 위에 서 본 모양을 그린 것입니다. 이 도형의 겨냥도를 그리시오.

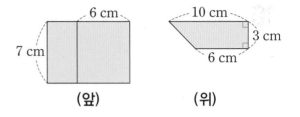

14 오른쪽 그림은 똑같은 크기의 정육면체를 쌓아 올린 것을 앞과 위에 서 본 그림입니다. 이 그림에서 정육면체의 수는 최소 몇 개부터 최대 몇 개까지가 되겠습니까?

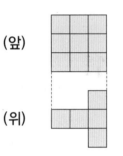

15 정육면체 모양의 그릇에 물을 반이 되도록 넣었습니다. 물이 닿은 부분을 오른쪽 전개도에 그려 넣으시오.

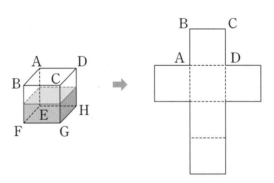

16 오른쪽 〈그림 1〉과 같은 주사위를 3개 쌓아 〈그림 2〉를 만들었습니다. 겹치는 2개의 면에 있는 눈의 합이 7이 되도록 하였을 때, ㉠, ㉡, ㉢의 눈의 수는 각각 몇입니까? (단, 주사위의 마주 보는 눈의 합은 7입니다.)

〈그림 1〉   〈그림 2〉

17 오른쪽 그림은 한 개의 정육면체를 세 방향에서 본 것입니다. ③, ⑤, ⑥의 반대 면(마주 보는 면)에는 어떤 숫자가 쓰여 있는지 차례로 구하시오.

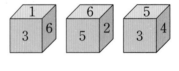

18 다음과 같이 직육면체에 선을 그렸습니다. 직육면체의 전개도에 선분을 알맞게 그려 넣으시오.

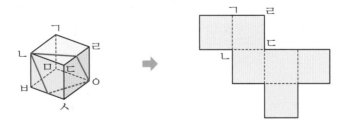

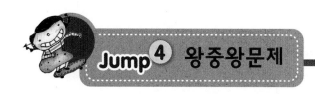
1 오른쪽 직육면체의 전개도를 둘레가 가장 짧게 그렸을 때, 전개도의 둘레는 몇 cm입니까?

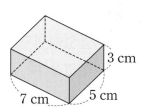

2 왼쪽 그림은 크기가 같은 정육면체의 서로 다른 모양의 전개도 2개를 붙여 놓은 것입니다. 이 전개도로 2개의 정육면체를 만든 후 오른쪽 그림과 같이 '점'과 '프'가 앞에서 보이게 놓았을 때, 두 정육면체가 서로 겹쳐지는 두 면을 찾아 기호를 쓰시오.

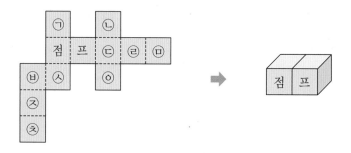

3 다음 그림과 같은 규칙으로 작은 정육면체를 쌓아 큰 정육면체를 만든 후 큰 정육면체의 모든 면에 페인트 칠을 하였습니다. 이때 한 면도 색칠되지 않은 작은 정육면체가 한 면이라도 색칠된 작은 정육면체의 개수보다 처음으로 많아지는 때는 몇 번째입니까?

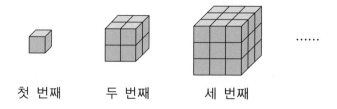

첫 번째   두 번째   세 번째

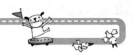

4 오른쪽 그림과 같이 4개의 주사위를 겹치는 부분의 눈의 합이 7이 되도록 놓았을 때, 위에서 본 4개의 면에는 같은 눈이 없었습니다. 이때 ㉮ 면의 눈이 5가 아니라면 ㉮ 면의 눈의 수는 몇 입니까? (단, 주사위에서 마주 보는 면의 눈의 합은 7입니다.)

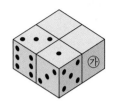

5 다음 그림은 정육면체의 일부를 잘라내어 세 방향에서 본 그림으로 ㉠은 앞에서, ㉡은 위에서, ㉢은 옆에서 본 그림입니다. 가 그림은 이 입체도형의 겨냥도의 일부분입니다. 겨냥도의 나머지 부분을 완성하시오.

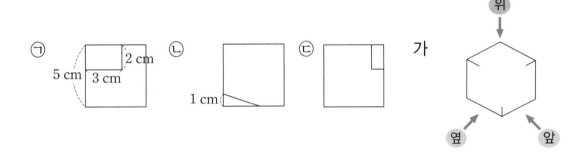

6 11, 14, 17, 21, 23, 26의 수가 똑같은 순서로 배열된 정육면체 3개를 오른쪽 그림과 같이 쌓아 놓았습니다. 17과 마주 보고 있는 수와 17의 곱은 얼마입니까?

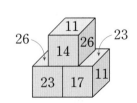

7 한 변의 길이가 34 cm인 정사각형 모양의 종이에서 색칠한 부분을 잘라 낸 후 남은 종이를 접어 직육면체를 만들었습니다. ☐ 안에 알맞은 수를 써넣으시오.

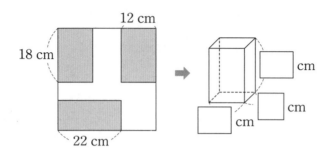

8 〈그림 1〉은 정육면체에 대각선 BG를 그은 것입니다. 〈그림 2〉, 〈그림 3〉은 정육면체의 전개도입니다. 이 전개도에 대각선 BG를 알맞게 그려 넣으시오.

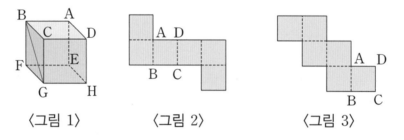

〈그림 1〉　　　〈그림 2〉　　　〈그림 3〉

9 6개의 면에 A, B, C, D, E, F의 문자를 쓴 정육면체가 있습니다. 〈그림 1〉은 정육면체를 다른 방향에서 본 것이고 〈그림 2〉는 정육면체의 전개도입니다. ①~④에 들어가는 문자를 방향을 생각해서 써넣으시오.

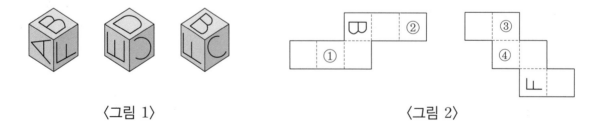

〈그림 1〉　　　　　　　　〈그림 2〉

10 다음 전개도를 접었을 때 만들어지는 정육면체를 모두 고르시오.

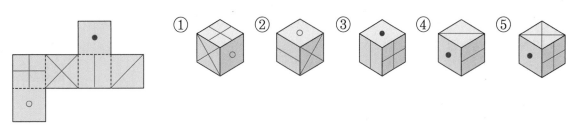

11 ㄱ 지점에서 직육면체의 모서리 5개를 지나서 ㄴ 지점까지 가는 방법은 모두 몇 가지입니까? (단, 한 번 지난 점을 다시 지날 수 없습니다.)

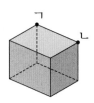

12 오른쪽 그림과 같이 작은 정사각형 15개로 이루어진 종이를 선을 따라 오려서 뚜껑이 없는 정육면체 3개를 만들려면 어떻게 오려야 하는지 선을 그으시오.

13 오른쪽 도형은 같은 크기의 정육면체 모양의 쌓기나무를 64개 쌓아 만든 정육면체입니다. 이 정육면체에서 찾을 수 있는 크고 작은 정육면체는 모두 몇 개입니까?

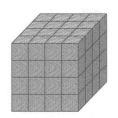

14 한 모서리의 길이가 1 cm, 2 cm, 3 cm, ……인 정육면체가 있습니다. 각각의 정육면체는 8개의 꼭짓점과 각 모서리에 1 cm 간격으로 •표시를 하였습니다. •표시가 140개인 정육면체의 한 모서리의 길이는 몇 cm입니까?

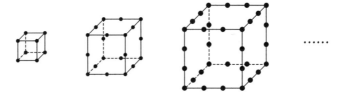

15 오른쪽 그림과 같이 크기가 같은 27개의 작은 정육면체를 쌓아서 큰 정육면체를 만들었습니다. 큰 정육면체의 면에 점이 있는 부분을 수직으로 반대 면까지 9개의 구멍을 뚫었을 때, 구멍이 뚫리지 않은 작은 정육면체는 몇 개입니까?

16 오른쪽 직육면체에서 보이지 않는 면의 넓이는 각각 20 cm², 24 cm², 30 cm²입니다. 보이는 모서리의 길이의 합은 몇 cm입니까?

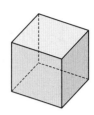

17 다음 그림과 같이 가로가 50 cm, 세로가 40 cm인 직사각형 모양의 도화지 위에 한 모서리가 18 cm인 직육면체의 전개도를 그렸습니다. 이 직육면체의 전개도로 만든 직육면체의 모든 모서리의 길이의 합은 몇 cm입니까?

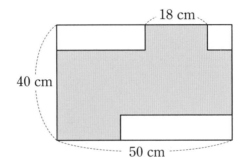

18 각 면에 1부터 6까지의 숫자가 적힌 똑같은 정육면체 4개를 오른쪽 그림과 같이 쌓아 놓았습니다. 한 정육면체에서 6의 맞은 편에 적힌 숫자는 무엇입니까?

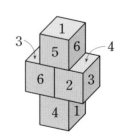

1 바둑판 모양으로 선이 그어진 판자의 한 칸 위에 왼쪽 그림과 같이 숫자가 쓰여진 주사위 모양의 정육면체를 바닥에 닿는 면의 숫자가 6이 되도록 놓고 화살표 방향으로 미끄럼없이 굴렸습니다. 정육면체가 ㉮ 부분에 도달하였을 때, 정육면체의 바닥에 닿는 면의 숫자를 구하시오.

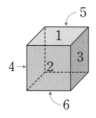
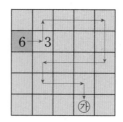

2 길이가 10 cm인 막대가 120개, 작은 공이 70개 있습니다. 그림과 같이 막대와 작은 공을 이용하여 높이와 세로는 각각 10 cm로 하고, 가로를 가능한 한 길게 하여 직육면체를 만들려고 합니다. 가로가 몇 cm인 직육면체를 만들 수 있습니까? (단, 막대와 작은 공은 남아도 좋습니다.)

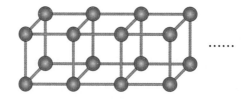

6 평균과 가능성

1. 평균의 뜻을 알고 평균 구하기
2. 평균을 이용하여 문제 해결하기
3. 일이 일어날 가능성을 말로 표현해 보기
4. 일이 일어날 가능성을 수로 나타내기

 이야기 **수학**

※ 평균과 중간값의 차이

<C는 중간값인데 평균 수입보다 낮다?>

<B는 평균점 이상인데 10명 중 7위?>

(단위 : 점)

A	B	C	D	E
62	54	60	75	56
F	G	H	I	J
58	51	10	8	70

왼쪽의 그래프를 보면 연간 수입이 1400만 원으로서 거의 중간 정도는 된다고 생각하는 C는 평균액 1860만원보다 훨씬 낮으며, 연간 수입이 1700만 원인 D마저 평균값에 미치지 못하고 있습니다.

그 이유는 소득이 가장 높은 E 한 사람이 평균값을 올려놓았기 때문인데 일반적으로 평균값은 큰 수값에 영향을 받는다는 것을 알 수 있습니다. 그러나 모두 이와 같은 것은 아닙니다. 예를 들면, 어려운 시험에는 반대 현상이 일어납니다. 오른쪽의 표에서는 B 학생이 54점을 얻었지만 평균점이 50.4점이므로 '평균점 이상'의 성적입니다. 그렇지만 실제로는 '10명 중 7위'에 해당됩니다. 이처럼 평균값은 있는 그대로의 상태를 반드시 정확하게 반영하는 것은 아닙니다.

🏀 평균 알아보기

각 자료의 값을 모두 더하여 자료의 수로 나눈 값을 그 자료를 대표하는 값으로 정할 수 있습니다. 이 값을 평균이라고 합니다.

$$(\text{평균}) = (\text{자료의 값의 합}) \div (\text{자료의 수})$$

🏀 평균 구하기

단체 줄넘기 기록

회	1회	2회	3회
기록	28번	32번	36번

〈방법 1〉 전체의 합을 이용하여 평균 구하기
$(28+32+36) \div 3 = 96 \div 3 = 32(\text{번})$
〈방법 2〉 기준 수를 정하여 평균 구하기
기준 수를 32로 정하고 3회의 36번에서 4번을 빼어 1회에 더해 주면 모두 32번이 됩니다. 따라서 평균은 32입니다.

1 기준 수를 92로 정하여 자료의 평균을 구하시오.

> 90, 94, 106, 92, 78

Jump 도우미

① 기준 수를 제외한 나머지 수에서 수 가르기, 수 옮기기를 하여 고르게 맞추어 평균을 알아봅니다.

2 다음은 석기의 시험 점수입니다. 점수의 합과 평균을 구하시오.

② 평균은 전체의 합을 과목 수로 나누어서 구합니다.

석기의 시험 점수

과목	도덕	국어	수학	사회	과학	음악	체육
점수(점)	96	88	92	87	94	82	98

3 다음 표는 효근이네 모둠 학생들의 몸무게를 나타낸 것입니다. 몸무게의 합과 평균을 구하시오.

효근이네 모둠의 몸무게

이 름	효근	동민	예슬	가영	한초
몸무게(kg)	43	42	36	38	46

4 영수는 일주일 동안 공부를 35시간 하려고 합니다. 영수는 하루에 평균 몇 시간 동안 공부를 해야 합니까?

④ 일주일은 7일입니다.

 핵심 응용

가영이네 모둠이 단체 줄넘기를 3회하고 각 회의 줄넘기 수를 기록한 표입니다. 4회까지의 단체 줄넘기 기록의 평균이 25번이 되려면 4회에는 몇 번을 넘어야 합니까?

단체 줄넘기 기록

회	1회	2회	3회	4회
줄넘기 기록	24번	28번	21번	

생각 열기 4회까지의 줄넘기 기록의 합을 먼저 알아봅니다.

풀이 4회까지의 단체 줄넘기 기록의 평균이 25번이므로 4회까지의 줄넘기 기록의 합은

$25 \times \boxed{} = \boxed{}$ (번)입니다.

3회까지의 단체 줄넘기 기록의 합이 $\boxed{} + \boxed{} + \boxed{} = \boxed{}$ (번)이므로

4회에는 $\boxed{} - \boxed{} = \boxed{}$ (번)을 넘어야 합니다.

답 _____

 1

상연이네 모둠과 예슬이네 모둠이 단체 줄넘기를 4회하고 각 회의 줄넘기 수를 기록한 표입니다. 예슬이네 모둠의 단체 줄넘기 평균 기록이 상연이네 모둠의 평균 기록보다 더 많으려면 예슬이네 모둠은 4회에 최소한 몇 번을 넘어야 합니까?

단체 줄넘기 기록

회	1회	2회	3회	4회
상연이네 모둠	15번	32번	19번	26번
예슬이네 모둠	13번	25번	21번	

 2

오른쪽은 석기네 모둠의 시험 점수입니다. 평균 점수가 가장 높은 사람과 가장 낮은 사람의 평균 점수의 차를 구하시오.

석기네 모둠의 시험 점수

	국어	수학	사회	과학	도덕
석기	87점	92점	96점	90점	92점
신영	85점	95점	84점	92점	88점
영수	88점	90점	82점	86점	90점
지혜	92점	82점	88점	84점	94점

영수네 학교 학생 수는 4학년이 100명, 5학년이 110명, 6학년이 120명이며 건강 달리기 대회를 4회 실시하여 참가자 수를 조사한 표입니다.

건강 달리기 대회 참가자 수

대회	1회	2회	3회	4회
4학년 참가자 수	88	92	94	90
5학년 참가자 수	90	92	96	94
6학년 참가자 수	102	106	104	

🏀 학년별 평균 비교하기

(4학년의 평균 참가자 수)＝(88＋92＋94＋90)÷4＝91(명)
(5학년의 평균 참가자 수)＝(90＋92＋96＋94)÷4＝93(명)
5학년 학생이 매회 평균 2명씩 더 참가했습니다.

🏀 평균을 이용하여 문제 해결하기

6학년의 평균 참가자 수가 5학년의 평균 참가자 수보다 많으려면
6학년 학생의 4회 참가자는 93×4－(102＋106＋104)＝60(명)보다 많아야 합니다.

🏀 평균을 이용하여 자료 해석하기

4학년 학생은 1명당 (88＋92＋94＋90)÷100＝3.64(번) 참가했고
5학년 학생은 1명당 (90＋92＋96＋94)÷110＝3.38……(번) 참가했으므로
4학년 학생이 5학년 학생보다 더 적극적으로 참가했다고 말할 수 있습니다.

1 민정, 웅이, 석기, 지혜, 신영이의 저금액을 조사했더니 민정, 웅이, 석기의 저금액의 평균은 12800원이고 나머지 두 사람의 저금액의 평균은 19050원이었습니다. 다섯 사람의 저금액의 평균은 얼마입니까?

(자료의 합계)
＝(평균)×(자료의 개수)

2 한별이네 반 학생들의 가족 수를 조사하여 나타낸 표입니다. 한 가구당 평균 가족 수는 몇 명입니까? (반올림하여 소수 첫째 자리까지 구하시오.)

한별이네 반 학생들의 가족 수

한 가구당 가족 수	5명	4명	3명	2명	합계
가구 수(가구)	4	10	8	2	24

3 한별이네 가족 수가 4명이라면 가족 수가 많은 편인지 적은 편인지 설명하시오.

핵심 응용

예슬, 용희, 동민 세 사람의 몸무게를 조사했더니 예슬이와 용희의 몸무게의 평균은 41.3 kg, 용희와 동민이의 몸무게의 평균은 43.5 kg, 동민이와 예슬이의 몸무게의 평균은 40.6 kg이었습니다. 세 사람 중 몸무게가 가장 무거운 사람은 누구이고 몇 kg입니까?

생각열기 먼저 짝지어진 두 사람의 몸무게의 합을 각각 알아봅니다.

풀이 (예슬이와 용희의 몸무게의 합)=□×2=□(kg)

(용희와 동민이의 몸무게의 합)=□×2=□(kg)

(동민이와 예슬이의 몸무게의 합)=□×2=□(kg)

(세 사람의 몸무게의 합)=(□+□+□)÷2=□(kg)

따라서 세 사람 중 몸무게가 가장 무거운 사람은 □이고

몸무게는 □−□=□(kg)입니다.

답 _____

1 어느 회사의 직원 수는 60명이고 전체 직원의 평균 나이는 지난해에 36세였습니다. 그런데 올해 12명의 직원이 새로 들어와서 평균 나이는 35세가 되었습니다. 새로 들어온 직원 12명의 올해 평균 나이는 몇 세입니까?

2 한 권에 800원 하는 공책을 10권 사면 학교 앞 문구점은 한 권을 더 주고, 집 근처 문구점은 한 권 값만큼을 할인하여 줍니다. 어느 문구점에서 사는 것이 더 이익입니까?

3 상연이는 4회에 걸쳐 과학 시험을 보았습니다. 2회까지의 시험 점수의 평균은 84점이고, 3회 때의 점수는 2회 때보다 6점이 높아져서 1회에서 3회까지의 평균은 87점이 되었습니다. 1회에서 4회까지의 점수의 합이 350점일 때, 1회에서 4회까지의 점수 중 가장 높은 점수와 가장 낮은 점수의 차는 몇 점입니까?

◉ 일이 일어날 가능성을 말로 표현해 보기

가능성은 어떠한 상황에서 특정한 일이 일어나길 기대할 수 있는 정도를 말합니다. 가능성의 정도는 불가능하다, ~ 아닐 것 같다, 반반이다, ~ 일 것 같다, 확실하다 등으로 표현할 수 있습니다.

일	불가능 하다	반반 이다	확실 하다
주사위를 던졌을 때 7의 눈이 나올 가능성	○		
366명보다 많은 학생이 있을 때 이 중 생일이 같은 사람이 있을 가능성			○
동전을 던졌을 때 그림면이 나올 가능성		○	
해가 서쪽에서 뜰 가능성	○		

일이 일어날 가능성이 낮습니다.   일이 일어날 가능성이 높습니다.

| 불가능하다 | ~ 아닐 것 같다 | 반반이다 | ~ 일 것 같다 | 확실하다 |

🌱 일이 일어날 가능성을 생각하여 ☐ 안에 말로 표현해 보시오.

[1~4]

1 계산기에 '3＋5＝'를 누르면 8이 나올 것입니다.

☐

2 동전을 한 번 던지면 숫자면이 나옵니다.

☐

3 일기 예보에 따르면 내일 눈이 온다고 하였으므로 내일은 눈이 내릴 것입니다.

☐

4 주사위를 한 번 던졌을 때 나온 눈의 수는 7 이상입니다.

☐

5 '할아버지께서 내일 우리 집에 오실까?' 라는 일이 일어날 가능성을 말로 표현해 문장을 완성하시오.

> 할아버지께서는 일주일에 한 번씩 우리집에 오시므로
>
> _____

Jump 도우미

• 가능성을 말로 표현하기
 – 불가능하다
 – ~ 아닐 것 같다
 – 반반이다
 – ~ 일 것 같다
 – 확실하다

Jump ② 핵심응용하기

 핵심 응용

영수는 다음과 같은 상황에서 일이 일어날 가능성을 판단하였습니다. 영수가 그렇게 판단한 이유를 설명해 보시오.

상황	일어날 가능성
370명의 학생들 중에는 서로 생일이 같은 학생이 있을 것 같습니다.	확실하다

🌟 1년은 365일입니다.

풀이 1년은 ☐일이므로 최대한 ☐명까지는 생일이 모두 다를 수 있습니다.

학생 수 ☐명은 1년의 날수 ☐일보다 많으므로 370명의 학생들 중에는

서로 생일이 같은 학생이 있을 가능성은 ☐라고 말할 수 있습니다.

 1 다음의 상황 중 일이 일어날 가능성이 '반반이다' 인 것을 모두 고르시오.

> ㉠ 주사위를 한 번 던지면 짝수의 눈이 나올 거야.
> ㉡ 일년 중 2월달의 날 수가 가장 작을 거야.
> ㉢ 오늘은 날씨가 맑지만 내일은 눈이 올 거야.
> ㉣ 오늘 1등으로 등교하는 학생은 남학생일 거야.
> ㉤ 영수는 내년에 우주선을 타고 목성을 여행할 거야.

 2 다음과 같이 초록색과 빨간색을 이용하여 회전판을 만들었습니다. 물음에 답하시오.

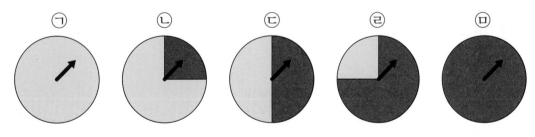

(1) 화살이 초록색에 멈추는 것이 불가능한 회전판은 어느 것입니까?

(2) 화살이 초록색에 멈출 가능성이 빨간색에 멈출 가능성보다 더 높은 것은 어느 것인지 모두 쓰시오.

🏀 **일이 일어날 가능성을 수로 나타내기**

확실하다 : 1   반반이다 : $\frac{1}{2}$ 불가능하다 : 0

흰색 바둑돌 4개가 있는 주머니에서 바둑돌 1개를 꺼낼 때 검은색 바둑돌일 가능성	0
흰색 바둑돌 3개, 검은색 바둑돌 1개가 있는 주머니에서 바둑돌 1개를 꺼낼 때 검은색 바둑돌일 가능성	$\frac{1}{4}$
흰색 바둑돌 2개, 검은색 바둑돌 2개가 있는 주머니에서 바둑돌 1개를 꺼낼 때 검은색 바둑돌일 가능성	$\frac{2}{4}=\frac{1}{2}$
흰색 바둑돌 1개, 검은색 바둑돌 3개가 있는 주머니에서 바둑돌 1개를 꺼낼 때 검은색 바둑돌일 가능성	$\frac{3}{4}$
검은색 바둑돌 4개가 있는 주머니에서 바둑돌 1개를 꺼낼 때 검은색 바둑돌일 가능성	$\frac{4}{4}=1$

 Jump 도우미

1 일이 일어날 가능성이 확실한 것은 어느 것인지 기호를 쓰시오.

> ㉠ 한 명의 아이가 태어날 때 남자 아이일 가능성
> ㉡ 일주일 동안 비가 하루라도 올 가능성
> ㉢ 흰색 공만 들어 있는 주머니에서 흰색 공을 꺼낼 가능성

2 ☐ 안에 알맞은 수를 써넣으시오.

> 주머니 속에 100원짜리 동전이 2개 있습니다. 이 주머니에서 동전 1개를 꺼낼 때 10원짜리 동전을 꺼낼 가능성은 ☐ 이고, 100원짜리 동전을 꺼낼 가능성은 ☐ 입니다.

② 가능성을 수로 나타낼 때 불가능한 것은 0, 확실한 것은 1로 나타냅니다.

3 상연이와 예슬이가 주사위 놀이를 하고 있습니다. 물음에 답하시오.

(1) 1 이상의 눈이 나올 가능성을 수로 나타내어 보시오.
(2) 홀수의 눈이 나올 가능성을 수로 나타내어 보시오.
(3) 3의 배수가 나올 가능성을 수로 나타내어 보시오.
(4) 8 이상의 눈이 나올 가능성을 수로 나타내어 보시오.

 핵심 응용

오른쪽 그림과 같이 상자 속에 1에서 20까지 수가 적힌 20개의 구슬이 있습니다. 이 상자 속에서 한 개의 구슬을 꺼낼 때, 2 이하 또는 15 이상의 수가 나올 가능성을 구하시오.

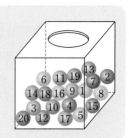

생각 열기 전체의 구슬의 개수 중 기대하는 구슬의 개수를 분수로 나타냅니다.

풀이 1부터 20까지의 수 중 2 이하인 수는 1, 2이므로 ☐ 개이고

15 이상의 수는 15, 16, 17, 18, 19, 20으로 ☐ 개입니다. 따라서

전체의 구슬의 개수는 ☐ 개이고 기대하는 구슬의 개수는 ☐ + ☐ = ☐ (개)

이므로 한 개의 구슬을 꺼낼 때, 2 이하 또는 15 이상의 수가 나올 가능성은

$\dfrac{\square}{\square} = \dfrac{\square}{\square} = \dfrac{\square}{\square}$ 입니다.

답 _____

 1 ㉮ 주머니에는 흰공 4개와 검은공 1개가 들어 있고, ㉯ 주머니에는 흰공 2개와 검은공 3개가 들어 있습니다. 주머니 ㉮, ㉯에서 각각 한 개씩을 꺼낼 때 검은공이 나올 가능성의 차를 구하시오.

 2 가영이는 수학 문제와 국어 문제를 한 문제씩 푸는데, 수학 문제를 풀어서 맞출 가능성은 $\dfrac{4}{5}$ 이고, 국어 문제를 풀어서 맞출 가능성은 $\dfrac{3}{4}$ 입니다. 수학과 국어 중 문제를 풀어서 맞출 가능성은 어느 것이 얼마나 더 높습니까?

 3 동전 한 개와 주사위 한 개를 던질 때 동전은 그림면이, 주사위의 눈은 6이 나올 가능성을 구하시오.

1 영수네 집에서는 벼베기를 하는데, 처음 4일 동안은 매일 3사람, 다음 일주일 동안은 5사람, 그 다음 3일 동안은 3사람이 일을 하여 마쳤습니다. 이 일을 처음부터 4사람이 한다면 며칠 만에 마치겠습니까? (단, 한 사람이 하루 동안 하는 일의 양은 모두 같습니다.)

2 동민이는 처음 9 km를 2시간 30분 동안 걸었고, 다음 9 km를 3시간 30분 동안 걸었습니다. 1 km를 걷는 데는 평균 몇 분이 걸렸습니까?

3 다음은 석기의 1학기 수학 점수입니다. 4월보다 6월의 점수가 4점 더 높았다고 하면, 4월과 6월의 수학 점수는 각각 몇 점입니까?

석기의 1학기 수학 점수

월	3	4	5	6	7	평균
점수(점)	92		88		100	94

4 동민이네 반 학생 28명의 1차, 2차 영어 단어 시험에서의 점수별 학생 수를 나타낸 표입니다. 2차 시험 점수가 8점보다 높은 학생들의 1차 시험 점수의 평균은 몇 점입니까?

영어 단어 시험 점수별 학생 수 (단위 : 명)

2차＼1차	5점	6점	7점	8점	9점	10점
5점			1			
6점		2		1		
7점	1		1	1		
8점		1	3	2	4	1
9점			1	3	1	2
10점					2	1

5 1번부터 15번까지 15명의 학생들이 수학 시험을 보았습니다. 1번부터 13번까지 학생의 평균 점수는 84점이고 1번부터 15번까지 학생의 평균 점수는 80점이었습니다. 14번 학생이 15번 학생보다 점수가 2점이 더 높다면 15번 학생의 시험 점수는 몇 점입니까?

6 신영이의 1학기와 2학기의 국어 시험 점수의 평균을 나타낸 표입니다. 1년 동안의 국어 성적의 평균은 몇 점입니까?

신영이의 국어 시험 점수

	시험 친 횟수(번)	평균(점)
1학기	4	84.5
2학기	6	82.5

7 용희가 집에서 서점까지 갔다 오는데 갈 때는 1분에 40 m를 가는 빠르기로, 올 때는 1분에 60 m를 가는 빠르기로 걸었습니다. 용희는 1분에 평균 몇 m를 가는 빠르기로 걸어간 셈입니까?

효근이는 수학 시험을 10회 보았습니다. 오른쪽 표는 효근이의 2회부터 10회까지 시험 점수가 그 전회보다 몇 점이 높고, 몇 점이 낮은지를 나타낸 것입니다. 전회보다 점수가 높을 때는 ▲표, 낮을 때는 ▼표를 하였습니다. 1회의 시험 점수가 80점일 때, 물음에 답하시오. (예를 들어, ▼2는 전회보다 2점 낮은 것이고, ▲3은 전회보다 3점 높은 것입니다.) **[8~9]**

효근이의 수학 시험 점수　　(단위 : 점)

2회	3회	4회	5회	6회	7회	8회	9회	10회
▲8	▼4	▼2	▲11	▼10	▲9	▼2	㉠5	㉡7

8 1회부터 7회까지의 평균 점수는 몇 점입니까?

9 8회부터 10회까지의 평균 점수가 89점일 때, 위 표의 ㉠, ㉡에 ▲, ▼표 중 어느 것이 들어가야 하는지 각각 구하시오.

10 석기는 5월 한 달 동안 매일 달리기를 하였습니다. 매일 전날보다 50 m씩 더 달려서 5월 한 달 동안 달린 거리의 하루 평균은 1500 m라고 합니다. 첫째 날 달린 거리는 몇 m입니까?

11 1회부터 5회까지의 시험에서 가영이와 한초의 평균 점수는 각각 83점, 79점이었습니다. 6회때 한초가 가영이보다 32점을 더 받았다면, 6회까지의 평균 점수는 누가 몇 점 더 높겠습니까?

12 7명이 의자에 나란히 앉아 있습니다. 왼쪽부터 차례로 4명의 평균 몸무게는 42.1 kg 이고, 오른쪽부터 차례로 네 사람의 평균 몸무게는 39.8 kg입니다. 효근이는 7명 중에서 한가운데에 앉아 있고, 효근이의 몸무게가 37.5 kg일 때, 의자에 앉아 있는 7명의 평균 몸무게를 반올림하여 소수 첫째 자리까지 나타내면 약 몇 kg인지 구하시오.

13 상연이와 예슬이는 꽃가게를 합니다. 두 사람은 도매 시장에 함께 가서 꽃을 사 왔습니다. 상연이는 한 번 갈 때마다 십만 원어치의 꽃을 사 오고, 예슬이는 한 번 갈 때마다 20 kg의 꽃을 사 왔습니다. 최근 두 사람은 함께 꽃을 두 번씩 사 왔습니다. 꽃의 가격이 1 kg당 첫 번째에는 4000원, 두 번째에는 5000원이었다고 할 때, 누가 더 꽃을 싸게 샀는지 구하시오.

14 석기네 반 학생 24명은 각각 1번부터 24번까지 자신의 번호를 가지고 있습니다. 선생님이 한 학생의 번호를 불러 질문을 하려고 할 때, 부른 번호가 4의 배수 또는 5의 배수일 가능성을 기약분수로 나타내시오.

15 석기와 가영이가 가위바위보를 한 번 할 때, 바로 승부가 결정될 가능성을 기약분수로 나타내시오.

16 28명이 1박 2일 여행을 가기 위해 버스 한 대를 빌리려고 합니다. 그런데 추가로 12명이 더 모집되어 한 사람당 내야할 돈이 12000원씩 줄어들었습니다. 버스 한 대를 빌리는 값은 얼마입니까?

17 석기는 주사위를 2번 던져 나온 눈의 수로 분수를 만들었습니다. 첫 번째 던진 눈의 수를 분모, 두 번째 나온 눈의 수를 분자로 할 때, 만들어진 분수가 진분수가 될 가능성을 기약분수로 구하시오.

18 다음 그림과 같이 6등분, 8등분으로 나누어진 두 회전판 ㉮, ㉯가 있습니다. 이 두 회전판을 각각 돌려서 멈추었을 때 ㉮ 회전판의 바늘은 5, ㉯ 회전판의 바늘은 8을 가리킬 가능성을 수로 나타내시오. (단, 바늘이 경계선 위에 놓이는 경우는 생각하지 않습니다.)

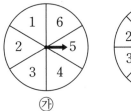
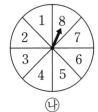

㉮   ㉯

1 ㉮, ㉯, ㉰, ㉱, ㉲ 5명의 학생이 100점이 만점인 시험을 보았습니다. 다음 글을 읽고 ㉯의 점수는 몇 점인지 구하시오.

> • 5명의 평균 점수는 77점이고, 5명 중 가장 낮은 점수는 68점입니다.
> • ㉮의 점수는 ㉯보다 낮고, ㉰보다 높습니다.
> • ㉲의 점수는 ㉱보다 낮고 ㉯의 점수는 ㉱보다 13점 낮습니다.
> • ㉯의 점수는 ㉮와 ㉲의 평균 점수와 같습니다.

2 규형이가 슈퍼마켓에서 700원짜리 아이스크림 3개, 900원짜리 과자 4개, 800원짜리 음료수 몇 개를 샀더니 전체 물건값의 평균이 810원이 되었습니다. 규형이가 산 음료수는 몇 개입니까?

3 5개의 자연수가 있습니다. 이 수들의 평균은 45.6이고 작은 수부터 차례로 늘어놓았을 때 가장 작은 수부터 세 번째 수까지의 평균은 35, 반대로 큰 수부터 차례로 늘어놓았을 때 가장 큰 수부터 세 번째 수까지의 평균은 56입니다. 세 번째 수는 얼마입니까?

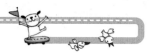

4 8명의 과학 시험 점수를 기록한 표입니다. 8명의 평균 점수는 64점이고 효근이의 점수는 8명 중 가장 높고, 다른 7명 중 어느 한 사람의 점수의 2배입니다. 은경이와 효근이의 점수는 각각 몇 점입니까? (단, 과학 시험은 100점 만점입니다.)

과학 시험 점수

이름	은경	가영	한초	도영	민정	효근	미애	서진
점수(점)		42	91	76	47		55	66

5 5명의 시험 결과를 조사했더니 동점자는 없었고, 높은 점수를 얻은 2명의 평균은 91점, 낮은 점수를 얻은 2명의 평균은 76점이었습니다. 5명의 평균이 가장 낮을 경우 평균은 몇 점이 되겠습니까? (단, 시험은 100점 만점이고 각각의 점수는 자연수입니다.)

6 학생 10명이 A, B, C 세 문제가 있는 10점 만점인 시험을 보았습니다. 문제 A는 2점, 문제 B는 3점, 문제 C는 5점입니다. 오른쪽 표를 보고 이 시험의 평균 점수를 구하시오. 또, 시험 점수가 10점인 학생이 1명, 5점인 학생이 5명일 때 A, B, C 중 한 문제만 맞힌 학생 수를 구하시오.

문제	A	B	C
배점(점)	2	3	5
맞은 학생(명)	9	5	2

7 40명의 학생이 수학 시험을 보았습니다. 상위 10명의 평균은 나머지 30명의 평균보다 25점 높았고, 40명 전체의 평균은 65점이었습니다. 상위 10명의 평균을 구하시오.

8 신영이네 학교 100명의 학생이 영재반 선발 시험을 보았습니다. 이 중 25명이 합격을 하였는데 합격자의 평균 점수와 불합격자의 평균 점수의 차는 40점이고, 100명 전체의 평균은 62점이었습니다. 이때, 합격자의 평균 점수는 몇 점입니까?

9 웅이는 과일 가게에서 귤을 몇 개 샀습니다. 산 귤의 전체 평균 무게는 117 g이고, 112 g, 117 g, 113 g, 119 g의 4개의 귤을 먹었더니 남은 귤의 평균 무게는 118 g이 되었습니다. 처음에 산 귤은 모두 몇 개입니까?

10 지혜네 학원에서 40명이 한자 시험을 보았는데 남학생들의 평균 점수만 4점 올리면 전체 평균 점수는 81점이 되고, 여학생들의 평균 점수만 4점 올리면 전체 평균 점수는 80점이 된다고 합니다. 학생들의 전체 평균 점수는 몇 점입니까?

11 한솔이는 국어, 수학, 사회, 과학의 4과목 시험 점수를 두 과목씩 합했더니 178점, 173점, 184점, 171점, 182점, 177점이 나왔습니다. 국어 점수가 가장 낮고 수학 점수가 가장 높고 사회 점수가 과학 점수보다 높다면 4과목의 점수는 각각 몇 점인지 구하시오. (단, 각각의 점수는 자연수입니다.)

12 석기, 가영, 상연이는 가위바위보를 하여 한 사람이 두 사람을 이기거나 두 사람이 한 사람을 이겼을 때, 이긴 사람이 사탕을 먹기로 하였습니다. 세 번째 가위바위보에서 사탕을 먹는 사람이 나올 가능성을 기약분수로 나타내시오.

13 학생 6명의 평균 수학 점수가 91.5점이었습니다. 가장 높은 점수를 뺀 평균 점수는 가장 낮은 점수를 뺀 평균 점수보다 1.6점이 낮다고 합니다. 가장 높은 점수와 가장 낮은 점수를 제외한 나머지 4명의 점수가 91점, 94점, 90점, 90점이라고 할 때, 가장 낮은 점수는 몇 점입니까?

14 1부터 5까지의 숫자가 하나씩 적힌 5장의 카드 중에서 차례로 2장을 뽑아 첫 번째 뽑은 숫자를 십의 자리 숫자, 두 번째 뽑은 숫자를 일의 자리 숫자로 하는 두 자리의 자연수를 만들려고 합니다. 이 자연수가 홀수일 가능성을 기약분수로 나타내시오.

15 한 개의 주사위를 두 번 던져 처음에 나온 눈의 수를 십의 자리 숫자로 하고, 두 번째 나온 눈의 수를 일의 자리 숫자로 할 때, 두 자리의 자연수가 30보다 클 가능성을 기약분수로 나타내시오.

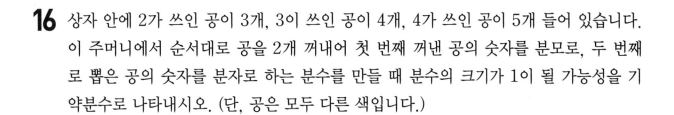

16 상자 안에 2가 쓰인 공이 3개, 3이 쓰인 공이 4개, 4가 쓰인 공이 5개 들어 있습니다. 이 주머니에서 순서대로 공을 2개 꺼내어 첫 번째 꺼낸 공의 숫자를 분모로, 두 번째로 뽑은 공의 숫자를 분자로 하는 분수를 만들 때 분수의 크기가 1이 될 가능성을 기약분수로 나타내시오. (단, 공은 모두 다른 색입니다.)

17 주머니 속에 숫자 1이 적혀 있는 공이 8개, 숫자 3이 적혀 있는 공이 몇 개, 숫자 5가 적혀 있는 공이 몇 개 들어 있습니다. 주머니에서 공을 한 개 꺼낼 때, 숫자 1이 적혀 있는 공이 나올 가능성은 $\frac{1}{4}$이고 숫자 3이 적혀 있는 공이 나올 가능성은 $\frac{5}{8}$라고 합니다. 숫자 5가 적혀 있는 공은 몇 개 있습니까? (단, 공은 모두 다른 색입니다.)

18 1부터 9까지의 숫자 카드가 9장 있습니다. 이 중에서 한 장을 뽑아 십의 자리에 놓고 나머지 카드 중에서 한 장을 뽑아 일의 자리에 놓아 두 자리 수를 만들 때 만든 수가 50보다 클 가능성을 수로 나타내시오.

1 웅이네 반 학생 30명이 수학 시험을 보았습니다. 시험 문제는 총 3문제이고 배점은 1번 문제가 10점, 2번 문제가 30점, 3번 문제가 40점입니다. 30명의 평균 점수가 53점이라면, 3번 문제를 맞힌 학생은 몇 명입니까?

점수별 학생 수

점수(점)	0	10	30	40	50	70	80
학생 수(명)	0	3	3		7	8	

문항별 맞힌 학생 수

문제	1번	2번	3번
학생 수(명)		18	

2 오른쪽 그림과 같이 한 변의 길이가 1 cm인 정오각형의 꼭짓점 ㄱ에 점 ㉮가 놓여 있습니다. 주사위 1개를 던져 나온 눈의 수의 길이만큼 정오각형의 변을 따라 시계 반대 방향으로 점 ㉮를 이동시킵니다. 이때 주사위를 두 번 던져 점 ㉮가 꼭지점 ㄷ에 오게 될 가능성을 기약분수로 나타내시오.

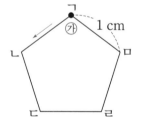

MEMO

MEMO

점프
왕수학

최상위 5%
도약을 위한

수학

최상위

5·2

정답과
풀이

(주)에듀왕
www.eduwang.com

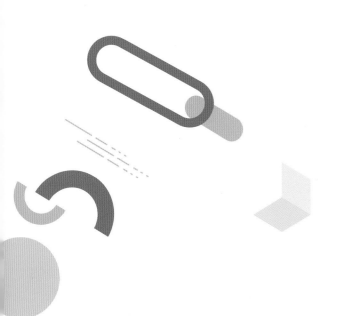

정답_과풀이

DÉCEMBRE

Le village est tout blanc.

Demain nous ferons un grand bonhomme
et puis, si nous sommes sages,
nous aurons pour Noël
tous les jouets que nous voulons.

L'année est déjà finie.

Pensons à tous ceux qui n'ont p

1 수의 범위와 어림하기

Jump 1 핵심알기

6쪽

---

1 68세, 65세   **2** 석기, 상연

3 1̸2̸ 20 ㉔ 17 △8̸ 16 ㉙ △1̸0̸ △1̸3̸ 21

4 $12\frac{1}{4}$, 12, 9.5, 13

---

1 65세보다 많거나 같은 나이를 찾습니다.

2 수학 성적이 70점보다 낮거나 같은 학생을 찾으면 석기, 상연입니다.

4 9.5보다 크거나 같고 13보다 작거나 같은 수를 찾습니다.

Jump 2 핵심응용하기

7쪽

핵심응용 **풀이** 120, 121, 122, 155, 156, 120,

132, 144, 156, 120, 132, 144,

156, 144

답 144

확인 **1** 83, 94   **2** 6개

---

1 72 이상인 두 자리 수 중에서 각 자리 숫자의 차가 5인 수는 72, 83, 94입니다.
따라서 72＋83＝155, 72＋94＝166, 83＋94＝177이므로 조건을 모두 만족하는 두 수는 83, 94입니다.

2 ㉠ 70 이상 140 이하인 자연수는 70, 71, 72, 73, ……, 139, 140입니다.
㉡ ㉠에서 구한 수 중에서 2로도 나누어떨어지고 7로도 나누어떨어지는 수는 14로 나누어떨어지는 수입니다.
14로 나누어떨어지는 수는 70÷14＝5, ……, 140÷14＝10이므로 70, 84, 98, 112, 126, 140으로 모두 6개입니다.

**Jump 1** 핵심알기

8쪽

---

1 5   **2** 3개

3 35, 36.8   **4** $\frac{1}{2}$, $\frac{1}{3}$, $\frac{1}{4}$

5 14, 15

---

1 4보다 큰 수 중에서 가장 작은 자연수는 5이고 6보다 작은 수 중에서 가장 큰 자연수는 5입니다.

2 38보다 큰 수는 39.2, 40, 41로 모두 3개입니다.

3 37보다 작은 수는 35, 36.8입니다.

4 $\frac{1}{5}$보다 큰 수를 찾습니다.

5 13 초과 18 이하인 수는 14, 15, 16, 17, 18이고, 11 이상 16 미만인 수는 11, 12, 13, 14, 15입니다. 따라서 두 조건을 만족하는 자연수는 14, 15입니다.

Jump 2 핵심응용하기

9쪽

핵심응용 **풀이** 2200, 16, 88, 3800, 17, 5500,

1200, 7, 143, 6500, 8, 8100, 가,

8100, 5500, 2600

답 가 택시, 2600원

확인 **1** 66

2 774명 초과 780명 이하

3 3개

---

1 ㉠에서 ㉮－17＝15이므로 ㉮＝15＋17＝32입니다.
㉡에서 56－㉯＝22이므로 ㉯＝56－22＝34입니다.
따라서 ㉮＋㉯＝32＋34＝66입니다.

2 의자가 모두 130개가 필요하므로 학생 수는 129 개의 의자에 앉을 수 있는 학생 수보다는 많습니 다.

➡ 학생 수는 $6 \times 129 = 774$(명) 초과입니다.

학생 수는 130개의 의자에 앉을 수 있는 학생 수와 같거나 적습니다.

➡ 학생 수는 $6 \times 130 = 780$(명) 이하입니다.

따라서 상연이네 학교 학생 수는 774명 초과 780명 이하입니다.

3 57 미만인 두 자리 수 : 23, 25, 27, 28, 32, 35, 37, 38, 52, 53

이 중에서 4로 나누어떨어지는 수는 28, 32, 52 이므로 모두 3개입니다.

Jump ① 핵심알기   10쪽

> **1** 5 g 초과 25 g 이하   **2** 2250원
>
> **3** 570원

1 보통 우편 요금이 300원인 경우는 편지의 무게 가 5 g 초과 25 g 이하에 속합니다.

2 27 g은 25 g 초과 50 g 이하에 속하므로 빠른 우편 요금은 2250원입니다.

3 5 g은 5 g 이하에 속하고 25 g은 5 g 초과 25 g 이하에 속하므로 보통 우편 요금은
$270 + 300 = 570$(원)입니다.

Jump ② 핵심응용하기   11쪽

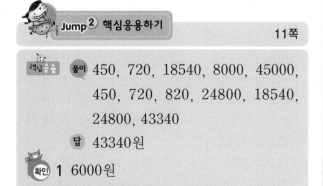

> **핵심응용 풀이** 450, 720, 18540, 8000, 45000,
>
>   450, 720, 820, 24800, 18540,
>
>   24800, 43340
>
>   **답** 43340원
>
> **확인 1** 6000원
>
>   **2** 4.4 kg 초과 7.4 kg 이하

---

1 (성수기 때의 요금) $= 8000 \times 2 + 6000 + 3000$
$$= 25000(원),$$

(비수기 때의 요금) $= 7000 \times 2 + 4000 + 1000$
$$= 19000(원)$$

따라서 성수기 때의 요금은 비수기 때의 요금보 다 $25000 - 19000 = 6000$(원) 더 비쌉니다.

2 58.4 kg은 57 kg 이상 60 kg 미만에 속하므로 라이트급입니다.

라이트급에서 두 체급을 낮추면 밴텀급이고 밴 텀급은 51 kg 이상 54 kg 미만입니다.

따라서 $58.4 - 51 = 7.4$(kg)이고
$58.4 - 54 = 4.4$(kg)이므로 권투 선수가 감량 해야 하는 몸무게의 범위는 4.4 kg 초과 7.4 kg 이하입니다.

Jump ① 핵심알기   12쪽

> **1** ㉣   **2** 3054
>
> **3** 250 cm   **4** 5송이
>
> **5** 53상자

1 ㉠ 2300   ㉡ 2300   ㉢ 2300   ㉣ 2200

2 4152 ➡ 4000, 2756 ➡ 2000,
3054 ➡ 3000, 4048 ➡ 4000

3 선물 상자 4개를 포장하려면 $57 \times 4 = 228$(cm) 의 끈이 필요합니다.

따라서 200 cm를 사면 28 cm가 부족하므로 250 cm를 사야 합니다.

4 $116 \div 20 = 5 \cdots 16$이므로 5송이의 꽃을 만들 수 있고 16 cm의 색 테이프가 남습니다.

5 $5312 \div 100 = 53 \cdots 12$이므로 53상자의 사과 를 팔 수 있고 12개의 사과가 남습니다.

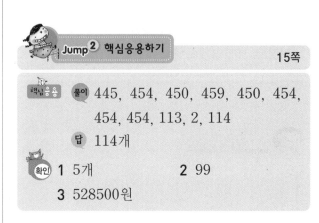

핵심응용 **풀이** 7501, 7600, 7200, 7299, 7501, 7299, 202

답 202개

확인 1 96개 2 8998

3 997

1 7625÷80＝95 … 25에서 80 kg씩 담을 자루 가 95개, 나머지를 담을 자루가 1개 필요하므로 적어도 96개가 필요합니다.

2 가의 범위는 34001 이상 35000 이하, 나의 범위는 42000 이상 42999 이하이므로 가와 나의 차가 가장 큰 경우는 42999－34001＝8998입니다.

3 버림하여 천의 자리까지 나타내었을 때 7000이 되는 수는 7000부터 7999까지입니다. 따라서 두 번째로 큰 수는 7998이고 두 번째로 작은 수는 7001이므로 두 수의 차는 7998－7001＝997입니다.

1 백의 자리 2 4568

3 약 6000원 4 약 20만 명

5 102권

1 23518 ➡ 5＝5이므로 24000 따라서 백의 자리에서 반올림한 것입니다.

2

	3724	5610	4568	2749
올림	3800	5700	4600	2800
반올림	3700	5600	4600	2700

3 10원짜리 동전 584개 ➡ 5840원 따라서 5840원을 반올림하여 천의 자리까지 나타내면 약 6000원입니다.

4 반올림하여 만의 자리까지 나타내려면 천의 자리에서 반올림합니다. 204896 ➡ 4＜5이므로 200000 따라서 약 20만 명입니다.

5 반올림하여 십의 자리까지 나타낸 수가 30이 되는 수는 25부터 34까지입니다. 따라서 가장 큰 수는 34이므로 공책을 최대 34×3＝102(권) 준비해야 합니다.

핵심응용 **풀이** 445, 454, 450, 459, 450, 454, 454, 454, 113, 2, 114

답 114개

확인 1 5개 2 99

3 528500원

1 일의 자리에서 반올림하여 3250명이 되는 입장객 수는 3245명부터 3254명까지입니다. 따라서 입장객 수가 가장 적을 때는 3245명이므로 풍선은 최대 3250－3245＝5(개)가 남습니다.

2 십의 자리에서 반올림하여 1200이 되는 수는 1150부터 1249까지입니다. 12×95＝1140, 12×96＝1152, …, 12×104＝1248, 12×105＝1260이므로 어떤 수가 될 수 있는 수는 96부터 104까지입니다. 따라서 96부터 104까지의 수 중에서 네 번째로 작은 수는 99입니다.

3 십의 자리 아래 수를 올림하여 760명 ➡ 751명부터 760명까지, 십의 자리 아래 수를 버림하여 750명 ➡ 750명부터 759명까지, 일의 자리에서 반올림하여 760명 ➡ 755명부터 764명까지이므로 세 조건을 모두 만족하는 수는 755명부터 759명까지입니다. 따라서 학생 수가 가장 적을 때는 755명이므로 적어도 755×700＝528500(원)을 모을 수 있습니다.

 **Jump 3 왕문제**

16~21쪽

---

1 5200

2 49500부터 50499까지, 1000개

3 5등부터 15등까지의 범위

4 30개   **5** 120자루

6 $\dfrac{37}{50}$

7 십의 자리 숫자 : 5, 백의 자리 숫자 : 8

8 6개   **9** 24709

10 22000원   **11** 148명

12 35   **13** ㉡, ㉢, ㉠, ㉣

14 500   **15** 5800원

16 23명부터 30명까지

17 21명

18 55.2 이상 56.2 미만인 수

---

1 천의 자리 숫자가 4인 수 중에서 5000에 가장 가까운 수는 4765이고 5000과의 차는 5000−4765=235입니다.
천의 자리 숫자가 5인 수 중에서 5000에 가장 가까운 수는 5134이고 5000과의 차는 5134−5000=134입니다.
따라서 5000에 가장 가까운 수는 5134이므로 올림하여 백의 자리까지 나타내면 5200입니다.

2 백의 자리에서 반올림하여 50000이 되는 어떤 자연수의 범위는 49500부터 50499까지이고 이 범위에 속하는 자연수의 개수는 1000개입니다.

3

점수	학생 수(명)	등수
90점 이상 100점 이하	4	1등부터 4등까지
80점 이상 90점 미만	11	5등부터 15등까지
70점 이상 80점 미만	9	16등부터 24등까지
70점 미만	6	25등부터 30등까지

따라서 영수가 받은 수학 점수는 85점이므로 80점 이상 90점 미만에 속하며 5등부터 15등까지의 범위에 있습니다.

4 십의 자리에서 반올림하여 400이 되는 수는 350부터 449까지이고 주사위로 만들 수 있는 수는 351~356 : 6개, 361~366 : 6개, 411~416 : 6개, 421~426 : 6개, 431~436

: 6개, 441~446 : 6개 ➡ 36개입니다.
일의 자리에서 반올림하여 230이 되는 수는 225부터 234까지이고 주사위로 만들 수 있는 수는 225, 226, 231, 232, 233, 234 ➡ 6개입니다.
따라서 36−6=30(개) 더 많습니다.

5 학생 수를 반올림하여 백의 자리까지 나타내면 600명입니다.
따라서 600명에게 줄 연필만 준비하면 (624−600)×5=120(자루)가 부족합니다.

6 나온 눈의 수의 합이 5, 6, 7, 8, 9가 되는 횟수를 세어 보면
각각 4회, 10회, 12회, 6회, 5회입니다.
따라서 나온 눈의 수의 합이 5 이상 10 미만이 된 횟수는
4+10+12+6+5=37(회)이므로 $\dfrac{37}{50}$입니다.

7 십의 자리에서 반올림하여 42900
➡ 42850부터 42949까지의 수
일의 자리에서 반올림하여 42850
➡ 42845부터 42854까지의 수
따라서 두 조건을 만족하는 수는 42850부터 42854까지이므로 십의 자리 숫자는 5, 백의 자리 숫자는 8입니다.

8 일의 자리 숫자가 7, 소수 둘째 자리 숫자가 3인 소수는 7.□3의 꼴입니다.
7.□3인 수 중 7.6 미만인 수는 7.6보다 작은 수이므로 구하는 수는 7.03, 7.13, 7.23, 7.33, 7.43, 7.53으로 모두 6개입니다.

9 2□□09를 올림하여 24800이 되었으므로 올림하여 백의 자리까지 나타낸 것입니다.
따라서 천의 자리 숫자는 올림한 수의 천의 자리 숫자와 같은 4이고 백의 자리 숫자는 09를 올림하여 8이 되었으므로 7입니다.

10 할아버지, 할머니는 2000원씩, 아버지, 어머니, 누나는 5000원씩, 상연이는 3000원이므로 2000×2+5000×3+3000=22000(원)입니다.

11 남학생 수는 450명부터 549명까지이고 여학생 수는 401명부터 500명까지입니다. 따라서 학생 수의 차가 최대가 되려면 남학생이 가장 많을 때

인 549명, 여학생이 가장 적을 때인 401명이므로 549－401＝148(명)입니다.

12 76□3을 올림하여 백의 자리까지 나타내면 7700입니다. 76□3을 십의 자리에서 반올림하여 7700이 되게 하려면 십의 자리 숫자는 5 이상이어야 합니다.
따라서 □ 안에 들어갈 수 있는 숫자들의 합은 5＋6＋7＋8＋9＝35입니다.

13 ㉠ 114대   ㉡ 145타   ㉢ 134   ㉣ 108번
➡ ㉡, ㉢, ㉠, ㉣

14 어떤 자연수와 80의 합은 505부터 514까지의 수입니다.
따라서 어떤 자연수가 될 수 있는 수 중에서 가장 작은 수는 505－80＝425이고 이 수를 올림하여 백의 자리까지 나타내면 500입니다.

15 25분 통화했을 때 전화 요금은 3000원, 50분 통화했을 때 전화 요금은 5000원이므로 25분 동안 전화 요금은 2000원 증가했습니다.
즉, 25분 이후부터 5분당 2000÷5＝400(원) 씩 전화 요금이 증가합니다.
(60분 통화했을 때 전화 요금)
＝(50분 통화했을 때 전화 요금)＋400×2
＝5000＋800＝5800(원)

16 4대의 버스에 태울 수 있는 학생 수는
45×3＋1＝136(명)부터 45×4＝180(명)까지입니다.
136÷6＝22 … 4이므로 한 반의 학생 수는 최소 23명이고 180÷6＝30이므로 한 반의 학생 수는 최대 30명입니다.
따라서 5학년 한 반의 학생 수는 23명부터 30명까지 될 수 있습니다.

17 965÷80＝12 … 5이므로 80 kg씩 담은 쌀자루 수는 12자루이고 쌀을 팔아서 생긴 돈은 12×180000＝2160000(원)입니다.
따라서 2160000÷100000＝21 … 60000이므로 한 사람당 10만 원씩 모두 21명까지 도와줄 수 있습니다.

18 소수 첫째 자리에서 반올림하였을 때 56이 되는 소수 한 자리 수의 범위는 55.5 이상 56.5 미만인 수입니다.

(어떤 수)＋0.3의 수의 범위가 55.5 이상 56.5 미만인 수이므로 어떤 수의 범위는 55.2 이상 56.2 미만인 수입니다.

 **Jump④ 왕중왕문제**   **22~27쪽**

1 599000	2 900개
3 205명	4 49개
5 423타	
6 최대 : 7549원, 최소 : 6451원	
7 가 : 3200, 나 : 2699	
8 28403	9 221명, 222명
10 67쪽 초과 77쪽 이하	
11 24개	12 50개, 148개
13 13250	14 100명
15 5400원	
16 89 이상 91 미만인 수	
17 9999대	18 103개

1 십만의 자리 숫자가 5일때 598610, 십만의 자리 숫자가 6일 때 601589이고
이 중 60만에 가까운 수는 598610입니다.
따라서 598610을 반올림하여 천의 자리까지 나타내면 599000입니다.

2 백의 자리에서 반올림하면 678000이 되는 자연수는 677500부터 678499까지이므로 1000개입니다.
십의 자리에서 반올림하면 677500이 되는 자연수는 677450부터 677549까지이므로 100개입니다.
➡ 1000－100＝900(개)

3 200÷14＝14 … 4, 230÷14＝16 … 6에서 14명씩 모둠을 만들었을 때 9명이 남는 학생 수는 14×14＋9＝205(명), 14×15＋9＝219(명), 14×16＋9＝233(명)에서 205명, 219명이 될 수 있습니다.

$200 \div 16 = 12 \cdots 8$, $230 \div 16 = 14 \cdots 6$에서 16명씩 모둠을 만들었을 때 3명이 모자라는 학생 수는

$16 \times 12 - 3 = 189$(명), $16 \times 13 - 3 = 205$(명), $16 \times 14 - 3 = 221$(명)에서 205명, 221명이 될 수 있습니다.

따라서 두 조건을 모두 만족시키는 수는 205명입니다.

4 ┌ 버림하여 백의 자리까지 나타내면 4500
➡ 4500부터 4599까지의 수
올림하여 백의 자리까지 나타내면 4600
➡ 4501부터 4600까지의 수
반올림하여 백의 자리까지 나타내면 4500
└ ➡ 4450부터 4549까지의 수
➡ 4501부터 4549까지의 수 ➡ 49개

5 남학생 수의 범위는 851명부터 860명까지이고 여학생 수의 범위는 820명부터 829명까지이므로 이 마을의 전체 학생 수는 최대 $860 + 829 = 1689$(명)입니다.

따라서 필요한 연필 수는 $1689 \times 3 = 5067$(자루)이고 $5067 \div 12 = 422 \cdots 3$이므로 적어도 423타를 준비해야 합니다.

6 한초의 돈의 범위는 24950원부터 25049원까지이고 영수의 돈의 범위는 17500원부터 18499원까지입니다.

따라서 두 사람의 돈의 차는 최대 $25049 - 17500 = 7549$(원)이고 최소 $24950 - 18499 = 6451$(원)입니다.

7 가를 어림한 수는 $(5800 + 600) \div 2 = 3200$, 나를 어림한 수는 $5800 - 3200 = 2600$입니다.

따라서 가는 3101부터 3200까지의 수이고 나는 2600부터 2699까지의 수이므로 가가 될 수 있는 수 중에서 가장 큰 수는 3200, 나가 될 수 있는 수 중에서 가장 큰 수는 2699입니다.

8 어림하였을 때 28000 또는 29000이므로 어림하여 천의 자리까지 나타낸 것입니다. 따라서 만의 자리 숫자는 어림한 수의 만의 자리 숫자와 같은 2이고 반올림하여 28000, 올림하여 29000이 되므로 천의 자리 숫자는 8입니다.

$28\square03$에서 반올림하여 28000이 되려면 □ 안에 들어갈 수 있는 숫자는 0, 1, 2, 3, 4이고 올

림하여 29000이 되려면 □ 안에 들어갈 수 있는 숫자는 0부터 9까지의 숫자입니다.

따라서 □ 안에 들어갈 수 있는 숫자는 0, 1, 2, 3, 4이고 가장 큰 숫자는 4이므로 이 수가 될 수 있는 수 중에서 가장 큰 수는 28403입니다.

9 4명씩 앉은 의자가 55개이고 56번째 의자에 1명이 앉았다면 학생 수는 $4 \times 55 + 1 = 221$(명), 56번째 의자에 4명이 앉았다면 학생 수는 $4 \times 56 = 224$(명)이므로 학생 수의 범위는 221명 이상 224명 이하입니다.

6명씩 앉은 의자가 36개이고 37번째 의자에 1명이 앉았다면 학생 수는 $6 \times 36 + 1 = 217$(명), 37번째 의자에 6명이 앉았다면 학생 수는 $6 \times 37 - 222$(명)이므로 학생 수의 범위는 217명 이상 222명 이하입니다.

따라서 두 조건을 수직선에 나타내면

따라서 5학년 학생 수가 될 수 있는 경우는 221명, 222명입니다.

10 목요일을 제외한 5일 동안 읽은 쪽수의 합은 $54 + 68 + 76 + 47 + 82 = 327$(쪽)입니다.

일의 자리에서 반올림하여 400쪽인 수의 범위는 395쪽 이상 405쪽 미만이므로, 빈칸에 들어갈 쪽수의 범위는 $395 - 327 = 68$(쪽) 이상이고, $405 - 327 = 78$(쪽) 미만입니다.

따라서 초과와 이하를 사용하여 나타내면 67쪽 초과 77쪽 이하입니다.

11 반올림하여 만의 자리까지 나타내면 640000이 되는 수의 범위는 635000 이상 645000 미만입니다.

$635\square\square\square$에서 □□□에 3개의 숫자 7, 4, 0을 배열하는 방법은 $(7, 4, 0)(7, 0, 4)(4, 7, 0)$ $(4, 0, 7)(0, 7, 4)(0, 4, 7)$로 6가지입니다.

$637\square\square\square$에서 □□□에 3개의 숫자 5, 4, 0을 배열하는 방법도 6가지입니다.

$640\square\square\square$에서 □□□에 7, 5, 3을 배열하는 방법과 $643\square\square\square$에서 □□□에 7, 5, 0을 배열하는 방법도 각각 6가지입니다.

따라서 구하고자 하는 수는 $6 \times 4 = 24$(개)입니다.

12 영수네 학교 학생 수는 650명부터 749명까지이고 가영이네 학교 학생 수는 600명부터 699명까지입니다.

학생 수가 가장 적을 경우는
650＋600＝1250(명)이고 가장 많을 경우는
749＋699＝1448(명)입니다.

가장 많이 남을 경우 : 1300－1250＝50(개)

가장 많이 부족할 경우 :
1448－1300＝148(개)

13 가영이는 나타낸 수가 모두 가장 작으므로 버림을 하여 어림한 것이고 효근이는 나타낸 수가 모두 가장 크므로 올림을 하여 어림한 것입니다. 그러므로 석기는 반올림을 하여 어림한 것입니다.

어떤 수가 될 수 있는 수의 범위는 석기가 13250부터 13349까지, 효근이가 13201부터 13300까지, 가영이가 13200부터 13299까지이므로 세 조건을 모두 만족하는 13250부터 13299까지입니다.

따라서 어떤 수가 될 수 있는 수 중에서 가장 작은 수는 13250입니다.

14 이 단체의 입장객 수는
89500÷1000＝89 … 500이므로 89명 이상입니다.

20명 이하는 1000원, 21명 이상 50명 이하는 900원, 51명 이상은 850원입니다.

따라서 850원씩 낸 사람 수는
{89500－(1000×20＋900×30)}÷850
＝50(명)이므로

모두 20＋30＋50＝100(명)이 입장합니다.

15 (4080－2000)÷135＝15.4 …이므로 기본 요금 3800원에서 100원씩 16번 오른 요금을 내야합니다.

3800＋100×16＝5400(원)

16 가는 다보다 25 큰 수이므로 다의 수의 범위에 25를 더하면 가의 수의 범위는 420＋25＝445 이상 430＋25＝455 미만인 수입니다.

가＝나×5, 가÷5＝나이므로 나의 수의 범위는 445÷5＝89 이상 455÷5＝91 미만인 수입니다.

17 가 지역의 자동차 판매 대수의 범위는 반올림하여 천의 자리까지 나타내었을 때 17000대이므로 16500대 이상 17499대 이하입니다.

나 지역의 자동차 판매 대수의 범위는 반올림하여 천의 자리까지 나타내었을 때 8000대이므로 7500대 이상 8499대 이하입니다.

가 지역이 나 지역보다 판매량이 많으므로 가 지역의 판매량이 가장 많은 경우와 나 지역의 판매량이 가장 적은 경우의 차를 구합니다.

판매량이 가장 많은 경우는 가 지역의 17499대이고, 판매량이 가장 적은 경우는 나 지역의 7500대입니다.

따라서 판매량의 차는
17499－7500＝9999(대)입니다.

18 동생이 초콜릿을 □개 가져갔다고 하면 가져가기 전의 초콜릿 수는 (2×□＋1)개이므로 가영이가 가져가기 전의 초콜릿 수는
(2×□＋1)＋(2×□＋1)＋1＝4×□＋3
입니다.

따라서 처음에 어머니께서 사 오신 초콜릿은
100개 초과이므로
4×24＋3＝99, 4×25＋3＝103에서 적어도 103개가 들어 있었습니다.

Jump 5 영재교육원 입시대비문제   **28쪽**

| **1** 22상자 | **2** 55명, 43명 |

1 원리 초등학교 학생 수의 범위 :
170명부터 179명까지

포인트 초등학교 학생 수의 범위 :
221명부터 230명까지

점프 초등학교 학생 수의 범위 :
125명부터 134명까지

따라서 준비해야 하는 망원경은 최대
179＋230＋134＝543(개)이고
543÷25＝21 … 18이므로 여행사에서는 적어도 22상자 준비해야 합니다.

2 방 2개를 사용할 때 한 방에 들어갈 학생 수는 20명에서 29명까지입니다.

한 방의 학생 수(명)	20	21	22	23	24	25	26	27	28	29
캠프에 참여한 학생 수(명)	41	43	45	47	49	51	53	55	57	59

방 3개를 사용할 때 한 방에 들어갈 학생 수는 11명부터 20명까지입니다.

한 방의 학생 수(명)	11	12	13	14	15	16	17	18	19	20
캠프에 참여한 학생 수(명)	34	37	40	43	46	49	52	55	58	61

두 가지를 모두 만족하는 경우의 참여 학생 수는 43명, 49명, 55명이므로 가장 많을 경우는 55명, 가장 적을 경우는 43명입니다.

2 분수의 곱셈

Jump 1 핵심알기　　　　　　　　　30쪽

1 (1) $1\dfrac{2}{3}$　(2) $2\dfrac{4}{5}$　**2** ㉢, ㉠, ㉡

3 15 kg　　　　**4** $296\dfrac{4}{5}$ km

1 (1) $\dfrac{1}{3}\times5=\dfrac{5}{3}=1\dfrac{2}{3}$

(2) $1\dfrac{2}{5}\times2=\dfrac{7}{5}\times2=\dfrac{14}{5}=2\dfrac{4}{5}$

2 ㉠ 16　㉡ $11\dfrac{1}{3}$　㉢ 26 ➡ ㉢>㉠>㉡

3 $\dfrac{5}{8}\times24=15(\text{kg})$

4 $74\dfrac{1}{5}\times4=\left(74+\dfrac{1}{5}\right)\times4=74\times4+\dfrac{1}{5}\times4$

$=296+\dfrac{4}{5}=296\dfrac{4}{5}(\text{km})$

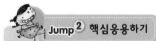

Jump 2 핵심응용하기　　　　　　　31쪽

핵심응용 풀이 $1\dfrac{9}{20}$, $2\dfrac{13}{40}$, $2\dfrac{13}{40}$, 6, $13\dfrac{19}{20}$

답 $13\dfrac{19}{20}$ L

확인 **1** $158\dfrac{1}{4}$ cm　　**2** $12\dfrac{5}{12}$

3 오전 9시 36분 40초

1 예슬 : $4\dfrac{3}{8}\times12+\dfrac{3}{4}=53\dfrac{1}{4}(\text{cm})$,

지혜 : $53\dfrac{1}{4}\times2-1\dfrac{1}{2}=105(\text{cm})$

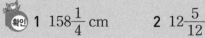

➡ $53\dfrac{1}{4}+105=158\dfrac{1}{4}(\text{cm})$

2 $\frac{1}{4}$씩 커지는 규칙입니다.

따라서 50번째에 놓일 분수는

$\frac{1}{6}+\frac{1}{4}\times49=12\frac{5}{12}$입니다.

3 2주일은 $7\times2=14$(일)이므로

2주일 동안 느려진 시간은 $1\frac{2}{3}\times14=23\frac{1}{3}$(분)

➡ 23분 20초입니다.

따라서 이 시계는

오전 10시－23분 20초＝오전 9시 36분 40초
를 가리킵니다.

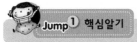

Jump 1 핵심알기　　　　　　32쪽

1 (1) 15　(2) $23\frac{1}{5}$　　**2** 36 kg

3 104쪽　　　　　　**4** 100개

1 (1) $18\times\frac{5}{6}=15$

(2) $20\times1\frac{4}{25}=20\times\frac{29}{25}=23\frac{1}{5}$

2 $15\times2\frac{2}{5}=36$(kg)

3 $234\times(1-\frac{5}{9})=234\times\frac{4}{9}=104$(쪽)

4 (귤의 수)$=105\times1\frac{2}{3}=175$(개),

(배의 수)$=105\times\frac{5}{7}=75$(개)

따라서 배는 귤보다 $175-75=100$(개) 더 적
습니다.

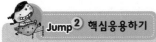

Jump 2 핵심응용하기　　　　　33쪽

핵심응용 풀이　$\frac{2}{9}$, 140, 140, $\frac{4}{7}$, 60, 60, 15, 4

답　4일

확인 **1** 19 kg　　　　　**2** 164 cm

3 $2\frac{2}{3}$ m

1 (어머니의 몸무게)

$=$(아버지의 몸무게)$\times\frac{3}{4}=76\times\frac{3}{4}=57$(kg)

(석기의 몸무게)$=$(어머니의 몸무게)$\times\frac{2}{3}$

$=57\times\frac{2}{3}=38$(kg)

➡ 어머니와 석기의 몸무게 차 :
　$57-38=19$(kg)

2 가로는 $\frac{11}{25}$로 줄였으므로 $50\times\frac{11}{25}=22$(cm)
입니다.

세로는 50 cm의 $\frac{1}{5}$만큼 늘였으므로

$50\times(1+\frac{1}{5})=60$(cm)입니다.

따라서

(직사각형의 둘레)$=(22+60)\times2$

$=164$(cm)

입니다.

3 공이 땅에 1번 닿았다가 튀어 올랐을 때의 높이는

$9\times\frac{2}{3}=6$(m)이고 2번 닿았다가 튀어 올랐을

때의 높이는 $6\times\frac{2}{3}=4$(m)입니다.

따라서 공이 땅에 3번 닿았다가 다시 튀어 올랐을

때의 높이는 $4\times\frac{2}{3}=2\frac{2}{3}$(m)입니다.

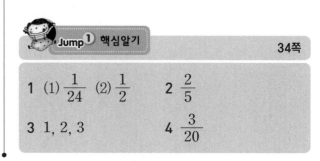

Jump 1 핵심알기　　　　　　34쪽

1 (1) $\frac{1}{24}$　(2) $\frac{1}{2}$　　**2** $\frac{2}{5}$

3 1, 2, 3　　　　　**4** $\frac{3}{20}$

1 (1) $\dfrac{1}{3} \times \dfrac{1}{8} = \dfrac{1}{24}$ (2) $\dfrac{3}{4} \times \dfrac{2}{3} = \dfrac{1}{2}$

2 $\dfrac{2}{3} \times \dfrac{3}{5} = \dfrac{2}{5}$

3 $\dfrac{1}{24} < \dfrac{1}{6 \times \square}$ 에서 $24 > 6 \times \square$ 이므로
$\square = 1, 2, 3$ 입니다.

4 $\left(1 - \dfrac{2}{5}\right) \times \dfrac{1}{4} = \dfrac{3}{5} \times \dfrac{1}{4} = \dfrac{3}{20}$

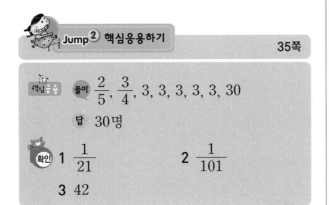

Jump 2 핵심응용하기   35쪽

핵심응용 풀이 $\dfrac{2}{5}, \dfrac{3}{4}$, 3, 3, 3, 3, 3, 30

답 30명

확인 **1** $\dfrac{1}{21}$ **2** $\dfrac{1}{101}$

3 42

1 분자가 모두 1이 되어야 하므로 3과 7의 최소공배수인 21을 분모로 하는 단위분수를 곱합니다.
➡ $\dfrac{3}{8} \times \dfrac{1}{21} = \dfrac{1}{56}$, $\dfrac{7}{12} \times \dfrac{1}{21} = \dfrac{1}{36}$
따라서 가장 큰 A는 $\dfrac{1}{21}$ 입니다.

2 분자는 1부터 1씩, 분모는 2부터 1씩 커지는 규칙이므로 100번째 분수는 $\dfrac{100}{101}$ 입니다.
➡ $\dfrac{1}{\underset{1}{2}} \times \dfrac{\overset{1}{2}}{\underset{1}{3}} \times \dfrac{\overset{1}{3}}{\underset{1}{4}} \times \cdots\cdots \times \dfrac{99}{\underset{1}{100}} \times \dfrac{\overset{1}{100}}{101} = \dfrac{1}{101}$

3 $\square + \square$ 의 값이 40의 약수인 1, 2, 4, 5, 8, 10, 20, 40이어야 계산 결과가 자연수가 됩니다.
따라서 만족하는 $\square$ 는 $\square + \square = 2$ 에서 $\square = 1$,
$\square + \square = 4$ 에서 $\square = 2$, $\square + \square = 8$ 에서
$\square = 4$, $\square + \square = 10$ 에서 $\square = 5$, $\square + \square = 20$
에서 $\square = 10$, $\square + \square = 40$ 에서 $\square = 20$ 이므로
$\square$ 안에 들어갈 수 있는 자연수들의 합은
$1 + 2 + 4 + 5 + 10 + 20 = 42$ 입니다.

Jump 1 핵심알기   36쪽

1 >   **2** $45\dfrac{37}{42}$

3 $6\dfrac{14}{15}$ 배   **4** $7\dfrac{7}{8}$ cm²

1 $3\dfrac{1}{3} \times 1\dfrac{3}{7} = 4\dfrac{16}{21} = 4\dfrac{80}{105}$,
$3\dfrac{4}{9} \times 1\dfrac{1}{5} = 4\dfrac{2}{15} = 4\dfrac{14}{105}$ ➡ $4\dfrac{16}{21} > 4\dfrac{2}{15}$

2 가장 큰 대분수 : $7\dfrac{5}{6}$,
가장 작은 대분수 : $5\dfrac{6}{7}$ ➡ $7\dfrac{5}{6} \times 5\dfrac{6}{7} = 45\dfrac{37}{42}$

3 $3\dfrac{1}{5} \times 2\dfrac{1}{6} = 6\dfrac{14}{15}$(배)

4 $\left(5\dfrac{3}{4} - 2\dfrac{3}{5}\right) \times 2\dfrac{1}{2} = 7\dfrac{7}{8}$(cm²)

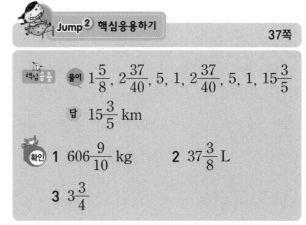

Jump 2 핵심응용하기   37쪽

핵심응용 풀이 $1\dfrac{5}{8}, 2\dfrac{37}{40}$, 5, 1, $2\dfrac{37}{40}$, 5, 1, $15\dfrac{3}{5}$

답 $15\dfrac{3}{5}$ km

확인 **1** $606\dfrac{9}{10}$ kg   **2** $37\dfrac{3}{8}$ L

3 $3\dfrac{3}{4}$

1 (고구마 수확량) $= 190\dfrac{2}{5} \times 1\dfrac{1}{4} = 238$(kg),
(옥수수 수확량) $= 238 \times \dfrac{3}{4} = 178\dfrac{1}{2}$(kg)
따라서 모두
$190\dfrac{2}{5} + 238 + 178\dfrac{1}{2} = 606\dfrac{9}{10}$(kg) 입니다.

2 (1분 동안 수조에 채워지는 물의 양)
$= 5\dfrac{9}{16} - 1\dfrac{1}{4} = 4\dfrac{5}{16}$(L)
따라서 8분 40초 $= 8\dfrac{40}{60}$ 분 $= 8\dfrac{2}{3}$ 분이므로

8분 40초 동안 수조에는 모두
$4\frac{5}{16} \times 8\frac{2}{3} = 37\frac{3}{8}$(L)의 물이 채워집니다.

3 $\frac{8}{5} \times \frac{▲}{■}$와 $\frac{20}{3} \times \frac{▲}{■}$가 모두 자연수가 되고

$\frac{▲}{■}$가 가장 작은 분수이려면

■는 8과 20의 최대공약수인 4,

▲는 5와 3의 최소공배수인 15이어야 합니다.

따라서 가장 작은 분수는 $\frac{15}{4} = 3\frac{3}{4}$입니다.

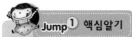
Jump ① 핵심알기　　　　　　　　　**38쪽**

1 $\frac{7}{15}$	**2** $\frac{1}{8}$
3 40 km	**4** 18쪽

1 $\frac{4}{5} \times \frac{3}{8} \times 1\frac{5}{9} = \frac{7}{15}$

2 $\frac{1}{2} \times \frac{3}{4} \times \frac{1}{3} = \frac{1}{8}$

3 1시간 40분 = $1\frac{40}{60}$시간 = $1\frac{2}{3}$시간
➡ $4\frac{4}{5} \times 1\frac{2}{3} \times 5 = 40$(km)

4 $120 \times (1-\frac{1}{4}) \times \frac{1}{5} = 18$(쪽)

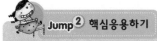
Jump ② 핵심응용하기　　　　　　　**39쪽**

풀이 $\frac{1}{3}$, $\frac{1}{3}$, $\frac{5}{12}$, $\frac{5}{12}$, $45\frac{1}{15}$

답 $45\frac{1}{15}$ cm²

확인 **1** 2시간　　　　　**2** 525명

3 $\frac{21}{32}$ m

1 하루는 24시간이므로 학원에서 보내는 시간은
$24 \times (1-\frac{1}{3}) \times (1-\frac{3}{8}) \times \frac{1}{5} = 2$(시간)
입니다.

2 남자 어린이 : $1000 \times (1-\frac{5}{8}) \times \frac{2}{5} = 150$(명),

여자 어린이 : $1000 \times \frac{5}{8} \times \frac{3}{5} = 375$(명)

➡ $150 + 375 = 525$(명)

3 (정사각형을 만드는 데 사용한 철사의 길이)
$= 15\frac{3}{4} \times \frac{1}{5} \times \frac{5}{6} = 2\frac{5}{8}$(m)

따라서 정사각형은 네 변의 길이가 모두 같으므로

한 변의 길이는 $2\frac{5}{8} \times \frac{1}{4} = \frac{21}{32}$(m)입니다.

Jump ③ 왕문제　　　　　　　　　**40~45쪽**

1 9개	**2** $29\frac{4}{25}$ cm²
3 8000원	**4** (1) $\frac{5}{14}$ (2) $\frac{5}{24}$
5 가로 : $17\frac{5}{8}$ m, 세로 : $23\frac{1}{2}$ m	
6 $\frac{27}{64}$	
7 여학생 : 12명, 남학생 : 18명	
8 $28\frac{7}{16}$ km	**9** $10\frac{1}{2}$
10 1시간 7분 30초	**11** 14쌍
12 $5\frac{7}{16}$	**13** $1\frac{4}{23}$
14 97 m	**15** $\frac{11}{60}$
16 3120 m	**17** 6, 7, 8, 9, 10
18 1	

1 (6일 동안 사용한 간장의 양)

$=1\dfrac{1}{5}\times6=7\dfrac{1}{5}$ (L),

(남은 간장의 양)$=15\dfrac{3}{5}-7\dfrac{1}{5}=8\dfrac{2}{5}$ (L)

따라서 남은 간장을 모두 담으려면 1 L들이 병이 최소한 9개 필요합니다.

2 (끈 1개의 길이)$=4\dfrac{8}{25}\times5=21\dfrac{3}{5}$ (cm),

(정사각형의 한 변의 길이)

$=21\dfrac{3}{5}\times\dfrac{1}{4}=5\dfrac{2}{5}$ (cm)

따라서 정사각형의 넓이는

$5\dfrac{2}{5}\times5\dfrac{2}{5}=29\dfrac{4}{25}$ (cm²)입니다.

3 처음에 가지고 있던 용돈을 □원이라 하면

$\Box\times\left(1-\dfrac{1}{4}\right)\times\left(1-\dfrac{2}{5}\right)\times\left(1-\dfrac{1}{6}\right)\times\left(1-\dfrac{1}{3}\right)$

$=2000,$

$\Box\times\dfrac{1}{4}=2000 \Rightarrow \Box=8000$입니다.

따라서 한별이가 처음에 가지고 있던 용돈은 8000원입니다.

4 (1) (준식)$=\dfrac{1}{2}-\dfrac{1}{3}+\dfrac{1}{3}-\dfrac{1}{4}+\dfrac{1}{4}-\dfrac{1}{5}+\dfrac{1}{5}$

$-\dfrac{1}{6}+\dfrac{1}{6}-\dfrac{1}{7}=\dfrac{5}{14}$

(2) (준식)$=\left(\dfrac{1}{2}-\dfrac{1}{4}+\dfrac{1}{4}-\dfrac{1}{6}+\dfrac{1}{6}-\dfrac{1}{8}+\dfrac{1}{8}\right.$

$\left.-\dfrac{1}{10}+\dfrac{1}{10}-\dfrac{1}{12}\right)\times\dfrac{1}{2}=\dfrac{5}{24}$

5

(가로)+(세로)$=82\dfrac{1}{4}\times\dfrac{1}{2}=41\dfrac{1}{8}$ (m)

$\Rightarrow$ (가로)$=41\dfrac{1}{8}\times\dfrac{3}{7}=17\dfrac{5}{8}$ (m),

(세로)$=41\dfrac{1}{8}\times\dfrac{4}{7}=23\dfrac{1}{2}$ (m)

6 (3열의 첫 번째 수)$=\dfrac{3}{4}\times\dfrac{3}{4}=\dfrac{9}{16}$,

(4열의 첫 번째 수)$=\dfrac{9}{16}\times\dfrac{3}{4}=\dfrac{27}{64}$,

(4열의 두 번째 수)$=\dfrac{9}{16}\times\dfrac{1}{4}+\dfrac{3}{8}\times\dfrac{3}{4}=\dfrac{27}{64}$,

(5열의 두 번째 수)$=\dfrac{27}{64}\times\dfrac{1}{4}+\dfrac{27}{64}\times\dfrac{3}{4}=\dfrac{27}{64}$

7

(여학생 수)$=30\times\dfrac{2}{5}=12$ (명),

(남학생 수)$=30\times\dfrac{3}{5}=18$ (명)

8 ㉮와 ㉯ 사이의 거리는 두 사람이

2시간 20분$=2\dfrac{20}{60}$시간$=2\dfrac{1}{3}$시간 동안 움직인

거리의 합입니다.

(신영이가 움직인 거리)$=5\dfrac{7}{16}\times2\dfrac{1}{3}$

$=12\dfrac{11}{16}$ (km),

(영수가 움직인 거리)$=6\dfrac{3}{4}\times2\dfrac{1}{3}=15\dfrac{3}{4}$ (km)

따라서 ㉮와 ㉯ 사이의 거리는

$12\dfrac{11}{16}+15\dfrac{3}{4}=28\dfrac{7}{16}$ (km)입니다.

9 $\left(1+\dfrac{1}{2}\right)\times\left(1+\dfrac{1}{3}\right)\times\left(1+\dfrac{1}{4}\right)\times\cdots\cdots$

$\times\left(1+\dfrac{1}{19}\right)\times\left(1+\dfrac{1}{20}\right)$

$=\dfrac{\overset{}{3}}{2}\times\dfrac{\overset{}{4}}{\underset{1}{3}}\times\dfrac{\overset{}{5}}{\underset{1}{4}}\times\cdots\cdots\times\dfrac{\overset{}{20}}{\underset{1}{19}}\times\dfrac{\overset{}{21}}{\underset{1}{20}}=\dfrac{21}{2}$

$=10\dfrac{1}{2}$

10 두 시계는 한 시간에 $2\dfrac{1}{4}+1\dfrac{1}{2}=3\dfrac{3}{4}$(분)씩 차이가 납니다. 오늘 오후 4시부터 내일 오전 10시까지는 18시간이므로 18시간 후에는

$3\dfrac{3}{4}\times18=67\dfrac{1}{2}$(분) 차이가 납니다.

따라서 1시간 7분 30초 차이가 납니다.

11 $\dfrac{1}{\Box}\times\triangle$ 에서

• □$=2$일 때 △는 2의 배수인 2, 4, 6, 8이 될 수 있습니다.

• □$=3$일 때 △는 3의 배수인 3, 6, 9가 될 수 있습니다.

• □$=4$일 때 △는 4의 배수인 4, 8이 될 수 있습니다.

- □=5, 6, 7, 8, 9일 때 각각 △=5, 6, 7, 8, 9가 될 수 있습니다.

따라서 수의 쌍은 모두 14쌍입니다.

별해 △를 먼저 정하고 △의 약수인 □를 구하여 수의 쌍을 모두 찾아도 됩니다.

12 $4\frac{3}{8}$과 ㉠의 거리는 $10\frac{3}{4}-4\frac{3}{8}=6\frac{3}{8}$의

$\frac{1}{2}\times\frac{1}{3}=\frac{1}{6}$이므로 $6\frac{3}{8}\times\frac{1}{6}=1\frac{1}{16}$입니다.

따라서 ㉠에 알맞은 수는

$4\frac{3}{8}+1\frac{1}{16}=5\frac{7}{16}$입니다.

13 분모는 3씩 커지고 분자는 1씩 커지는 규칙이므로 15번째 분수의 분모는 $4+3\times14=46$이고 분자는 15입니다.

따라서 15번째 분수와 $3\frac{3}{5}$의 곱은

$\frac{15}{46}\times3\frac{3}{5}=1\frac{4}{23}$입니다.

14 (첫 번째 튀어 오른 공의 높이)

$=32\times\frac{5}{8}=20\,(\text{m})$

(두 번째 튀어 오른 공의 높이)

$=20\times\frac{5}{8}=\frac{25}{2}=12\frac{1}{2}\,(\text{m})$

따라서 공이 움직인 전체 거리는

$32+20\times2+12\frac{1}{2}\times2=97\,(\text{m})$입니다.

15 동민이는 한 시간에 전체 일의 $\frac{1}{6}$을 하고

가영이는 전체 일의 $\frac{1}{8}$을 합니다.

두 사람이 함께 일을 하면 한 시간에 전체 일의

$\frac{1}{6}+\frac{1}{8}=\frac{7}{24}$을 하므로 2시간 48분$=2\frac{4}{5}$시간

을 함께 일하면 전체 일의 $\frac{7}{24}\times2\frac{4}{5}=\frac{49}{60}$만큼

할 수 있습니다.

따라서 남은 일은 전체의 $1-\frac{49}{60}=\frac{11}{60}$만큼입니다.

16 이 기차가 다리를 완전히 통과하는 데 달린 거리는 기차의 길이와 다리의 길이를 합한

$80+880=960\,(\text{m})$입니다.

따라서 이 기차는 1분에 960 m를 달리므로

3분 15초$=3\frac{1}{4}$분 동안 달리는 거리는

$960\times3\frac{1}{4}=3120\,(\text{m})$입니다.

17 $\frac{1}{120}<\frac{1}{11\times□}<\frac{1}{60}$이므로

$60<11\times□<120$입니다.

따라서 □ 안에 들어갈 수 있는 자연수는 6, 7, 8, 9, 10입니다.

18 2019에서 $\frac{1}{2}$을 빼면 남는 수는 $2019\times\frac{1}{2}$이고

또 나머지의 $\frac{1}{3}$을 빼면 남는 수는

$2019\times\frac{1}{2}\times\frac{2}{3}$입니다.

계속하여 $\frac{1}{4}$, $\frac{1}{5}$, $\cdots\cdots$, $\frac{1}{2018}$, $\frac{1}{2019}$을 빼면

남는 수는

$\overset{1}{2019}\times\frac{1}{\underset{1}{2}}\times\frac{\overset{1}{2}}{\underset{1}{3}}\times\frac{\overset{1}{3}}{\underset{1}{4}}\times\cdots\cdots\times\frac{\overset{1}{2017}}{\underset{1}{2018}}\times\frac{\overset{1}{2018}}{\underset{1}{2019}}$

$=1$입니다.

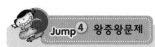

Jump 4 왕중왕문제

46~51쪽

1 $\frac{13}{720}$	2 100
3 A : 1000원, B : 800원, C : 700원	
4 $1\frac{149}{174}$	5 60 km
6 16분	7 $4\frac{1}{10}$ cm^2
8 $5\frac{1}{2}$	9 3시간
10 $23\frac{4}{5}$ km	11 15 cm
12 석기 : 1시간 30분, 규형 : 7시간 30분	
13 126	14 $14\frac{1}{4}$ L
15 860000원	16 19200원
17 340명	18 21명

1 (준식)$=(\dfrac{1}{4\times5}-\dfrac{1}{5\times6}+\dfrac{1}{5\times6}-\dfrac{1}{6\times7}$

$+\dfrac{1}{6\times7}-\dfrac{1}{7\times8}+\dfrac{1}{7\times8}-\dfrac{1}{8\times9})\times\dfrac{1}{2}$

$=(\dfrac{1}{20}-\dfrac{1}{72})\times\dfrac{1}{2}=\dfrac{13}{720}$

2 ㉡$=$㉠$\times\dfrac{4}{5}$,

㉢$=$㉡$\times\dfrac{3}{4}=$㉠$\times\dfrac{4}{5}\times\dfrac{3}{4}=$㉠$\times\dfrac{3}{5}$

㉠$+$㉡$+$㉢$=240$에서

㉠$+$㉠$\times\dfrac{4}{5}+$㉠$\times\dfrac{3}{5}=240$,

㉠$\times\dfrac{12}{5}=240$ ➡ ㉠$=100$입니다.

별해 ㉠ ├┼┼┼┼┤
㉡ ├┼┼┼┤ ⟩ 합 : 240
㉢ ├┼┼┤

㉠$=240\times\dfrac{5}{12}=100$

3

300원 ⟍ 200원
├┄┄┼┄┄┼┄┄┼┄┄┼┄┄┤
　A　　　B　　　C

수직선 한 칸이 500원을 나타내므로 A는 1000원, B는 800원, C는 700원을 가지고 있습니다.

별해 세 사람이 가진 돈의 합을 ①이라고 하면

A가 가진 돈은 $\dfrac{2}{5}$,

B가 가진 돈은 $\dfrac{2}{5}-200$원,

C가 가진 돈은 $\dfrac{2}{5}-300$원

입니다.

$\dfrac{2}{5}+\dfrac{2}{5}-200$원$+\dfrac{2}{5}-300$원$=①$,

$\dfrac{6}{5}-500$원$=①$, $\dfrac{1}{5}=500$원

4 (준식)$=\dfrac{323\times1001}{24\times10101}\times\dfrac{32\times10101}{232\times1001}$

$=\dfrac{323}{24}\times\dfrac{32}{232}=1\dfrac{149}{174}$

5 강물을 거슬러 올라갈 때 배는 한 시간에
$12-3=9(\mathrm{km})$를 움직이므로

3시간 40분 동안 $9\times3\dfrac{2}{3}=33(\mathrm{km})$를 갑니다.

강물을 내려올 때 배는 한 시간에
$12+3=15(\mathrm{km})$를 움직이므로

1시간 48분 동안 $15\times1\dfrac{4}{5}=27(\mathrm{km})$를 갑니다.

따라서 배가 움직인 거리는 $33+27=60(\mathrm{km})$입니다.

6 연못의 둘레를 1로 생각하면 신영이는 1분 동안 $\dfrac{1}{24}$을 돌게 됩니다. 동민이와 신영이가 1분 동안 움직인 거리의 합을 □라고 하면

□$\times9\dfrac{3}{5}=1$, □$=\dfrac{5}{48}$이므로

동민이가 1분 동안 $\dfrac{5}{48}-\dfrac{1}{24}=\dfrac{1}{16}$을 돌게 됩니다.

따라서 동민이가 연못을 한 바퀴 도는 데 16분이 걸립니다.

7 오른쪽과 같이 정팔각형을 나누면 ㉠과 ㉡의 넓이는 같고 ㉠은 정팔각형의 넓이의 $\dfrac{1}{8}$입니다.

따라서 색칠한 부분의 넓이는

$16\dfrac{2}{5}\times\dfrac{2}{8}=4\dfrac{1}{10}(\mathrm{cm^2})$입니다.

8 규칙을 각각 찾아보면 ㉠■㉡$=$㉠$+\dfrac{1}{㉡}$이고,

㉠▲㉡$=$㉠$\times\dfrac{1}{㉡}$입니다.

따라서

$(8■4)\times(4▲6)=(8+\dfrac{1}{4})\times(4\times\dfrac{1}{6})$

$=8\dfrac{1}{4}\times\dfrac{2}{3}=5\dfrac{1}{2}$입니다.

9 몇 시간 후의 나무도막의 무게는

$50+36\dfrac{2}{5}=86\dfrac{2}{5}(\mathrm{g})$입니다.

· 1시간 후의 무게 : $50+50\times\dfrac{1}{5}=60(\mathrm{g})$

· 2시간 후의 무게 : $60+60\times\dfrac{1}{5}=72(\mathrm{g})$

· 3시간 후의 무게 : $72+72\times\dfrac{1}{5}=86\dfrac{2}{5}(\mathrm{g})$

따라서 3시간 동안 담가 두었습니다.

10 가영이가 달린 거리는

$$18\frac{1}{2}+\left(25\frac{4}{5}-18\frac{1}{2}\right)\times\frac{2}{5}=18\frac{1}{2}+2\frac{23}{25}$$
$$=21\frac{21}{50}\,(km)$$

입니다.

따라서 한초가 달린 거리는

$$21\frac{21}{50}\times1\frac{1}{9}=23\frac{4}{5}\,(km)$$입니다.

11 ㉮는 1시간에 $\frac{1}{2}$씩, ㉯는 1시간에 $\frac{2}{5}$씩 타므로

1시간 후에 ㉮의 남은 길이는 $1-\frac{1}{2}=\frac{1}{2}$이고

㉯의 남은 길이는 $1-\frac{2}{5}=\frac{3}{5}$입니다.

㉮$\times\frac{1}{2}=$㉯$\times\frac{3}{5}$,

$18\times\frac{1}{2}=$㉯$\times\frac{3}{5}$ ➡ ㉯$=15\,(cm)$

따라서 처음에 ㉯의 길이는 15 cm였습니다.

12 전체 일의 양을 1이라 하면 1시간 동안 석기는 $\frac{1}{6}$,

규형이는 $\frac{1}{10}$을 일했습니다.

9시간 중 석기가 □시간 일을 했다면 규형이가 일한 시간은 (9−□)시간입니다.

$$\frac{1}{6}\times□+\frac{1}{10}\times(9-□)=1,$$
$$\frac{1}{6}\times□+\frac{9}{10}-\frac{1}{10}\times□=1$$
$$\frac{1}{6}\times□-\frac{1}{10}\times□=1-\frac{9}{10}=\frac{1}{10},$$
$$\frac{1}{15}\times□=\frac{1}{10},$$
$$□=\frac{1}{10}\times15=\frac{3}{2}(시간)이므로$$

석기는 1시간 30분, 규형이는 9시간−1시간 30분=7시간 30분 일을 했습니다.

13 두 기약분수의 곱 $\frac{1}{□}$에서 $\frac{1}{□}$의 □가 가장 큰 수가 되기 위해서는 기약분수의 분자는 가장 작은 수, 분모는 가장 큰 수가 놓여야 합니다.

분자가 2와 3일 때 분모는 각각 3의 배수, 2의 배수가 되어야 하므로 구하고자 하는 식은

$$\frac{3}{28}\times\frac{2}{27}=\frac{1}{14}\times\frac{1}{9}=\frac{1}{126}$$입니다.

따라서 □ 안에 들어갈 수 중 가장 큰 수는 126입니다.

14

한솔이는 $2\times\frac{1}{2}\times3=3\,(L)$의 주스를 가져갔습니다.

석기가 주스를 가져가기 전에

$(3+2)\times\frac{1}{2}\times3=7\frac{1}{2}\,(L)$의 주스가 남아 있었고, 처음에 $\left(7\frac{1}{2}+2\right)\times\frac{1}{2}\times3=14\frac{1}{4}\,(L)$의 주스가 있었습니다.

15 첫 번째 : 2000원,

두 번째 : $2000\times\left(1+\frac{1}{2}\right)=3000(원)$,

세 번째 : $3000\times\left(1+\frac{1}{3}\right)=4000(원)$

네 번째 : $4000\times\left(1+\frac{1}{4}\right)=5000(원)$

저금액이 1000원씩 늘어나므로 40번째 저금액은 $2000+1000\times(40-1)=41000(원)$입니다.

➡ (저금액의 합)$=2000+3000+4000$
$$+\cdots+40000+41000$$
$$=43000\times40\div2$$
$$=860000(원)$$

16 수진이가 가지고 있는 돈의 $\frac{1}{7}$과 현진이가 가지고 있는 돈의 $\frac{1}{3}$이 같으므로 그림으로 나타내면 다음과 같습니다.

따라서 수직선의 눈금 한 칸의 크기는

$48000\times\frac{1}{10}=4800(원)$이고,

수진이가 현진이보다 4칸 더 많으므로 $4800\times4=19200(원)$ 더 많이 가지고 있습니다.

17

$1-\left(\dfrac{4}{9}+\dfrac{3}{7}\right)=\dfrac{8}{63}$ 에서 $60+20=80$(명)은

전체의 $\dfrac{8}{63}$ 에 해당됩니다.

전교생을 □명이라 하면 $\square\times\dfrac{8}{63}=80$ 에서

$\square=80\div8\times63=630$(명)입니다.

따라서 남학생 수는 $630\times\dfrac{4}{9}+60=340$(명)

입니다.

18 콜라를 좋아하는 학생은 $15\div5\times6=18$(명)이
고 사이다를 좋아하는 학생이 콜라와 사이다를
좋아하지 않는 학생의 8배이므로 그 수가 가장
적으려면 사이다만 좋아하는 학생은 1명, 콜라와
사이다를 모두 좋아하지 않는 학생은

$15+1=16$(명)의 $\dfrac{1}{8}$ 인 $\overset{2}{16}\times\dfrac{1}{\underset{1}{8}}=2$(명)

이어야 합니다.
따라서 신영이네 반 학생은 최소
$18+1+2=21$(명)입니다.

 Jump 5 영재교육원 입시대비문제 **52쪽**

1 100 m	2 $1\dfrac{2}{5}$ L

1 ㉠ (공이 움직인 거리)$\times3$

$\qquad=50\times3+50\times2+50\times\dfrac{1}{3}\times2$

$\qquad\quad+50\times\dfrac{1}{3}\times\dfrac{1}{3}\times2$ ……

㉡ (공이 움직인 거리)

$\qquad=50+50\times\dfrac{1}{3}\times2+50\times\dfrac{1}{3}\times\dfrac{1}{3}\times2$ ……

㉠－㉡을 하면
(공이 움직인 거리)$\times2=50\times3+50$

$\qquad\qquad\qquad\qquad=200$(m)

따라서 공이 움직인 거리는 모두
$200\div2=100$(m)입니다.

2

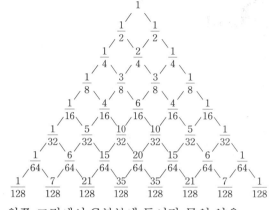

왼쪽 그림에서 G부분에 들어갈 물의 양은

전체 물의 양의 $\dfrac{7}{128}$ 이므로

$25\dfrac{3}{5}\times\dfrac{7}{128}=\dfrac{7}{5}(L)=1\dfrac{2}{5}$(L)입니다.

3 합동과 대칭

1 가와 사, 나와 다, 라와 마, 바와 아
2 예 가의 위쪽 변의 길이에서 오른쪽에 있는 꼭
   짓점을 3칸을 작게 하여 그립니다.

3 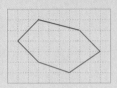   4

 풀이 ㄱㅂㅅ, ㅂㄷㅅ, ㅅㄷㅁ, 3, ㄱㄴㅅ,
        ㄱㄷㅅ, ㄱㄷㄹ, ㄱㄷㅁ, ㅂㄷㄴ, 3, 7

   답 7쌍

확인 1 11개   2 108 cm
     3 8쌍

1 합동인 삼각형을 각 꼭짓점마다 1
  개씩 5개 만들 수 있고, 중심과 두
  꼭짓점을 연결하여 6개 만들 수 있
  으므로 모두 11개 더 만들 수 있습
  니다.

2 삼각형 ㄱㄴㄷ이 이등변삼각형이므로
  (각 ㄴㄱㄷ)=180°−70°×2=40°입니다.
  오른쪽 그림과 같이 한 변의 길이가
  12 cm인 정구각형이 생기므로 둘
  레는 12×9=108(cm)입니다.

12 cm

3 ㉠과 ㉢, ㉡과 ㉣, (㉠+㉡)과 (㉠+㉣),
  (㉠+㉡)과 (㉡+㉢), (㉠+㉡)과 (㉢+㉣),
  (㉡+㉢)과 (㉢+㉣), (㉡+㉢)과 (㉠+㉣),
  (㉢+㉣)과 (㉠+㉣)이므로 모두 8쌍입니다.

1 점 ㅇ, 점 ㅂ   2 변 ㅇㅅ, 변 ㅅㅂ
3 각 ㅅㅂㅁ   4 120°
5 45°

4 (각 ㅇㅁㅂ)=(각 ㄱㄹㄷ)
          =360°−110°−70°−60°=120°

5 선분 ㄱㅁ의 길이와 선분 ㅁㅂ의 길이가 같으므
  로 삼각형 ㄱㅁㅂ은 이등변삼각형입니다.
  따라서 ㉠=(180°−90°)÷2=45°입니다.

 풀이 13, 26, ㅅㅂㄷㄹ, ㅂㄷ, 7, 26, 7,
        12, 12, 13, 12, 13, 78

       답 78 cm²

 1 21 cm   2 52°
     3 30°

1 삼각형 ㄴㄷㅁ과 삼각형 ㄱㄷㄹ이 합동이므로
  (선분 ㄱㄹ)=(선분 ㄴㅁ)
          =45−16−8=21(cm)
  입니다.

2 삼각형 ㄹㄷㄴ에서
  (각 ㄴㄷㄹ)=180°−(90°+26°)=64°
  입니다.
  삼각형 ㄱㄴㄷ과 삼각형 ㄹㄷㄴ이 합동이므로
  (각 ㅁㄷㄹ)=64°−26°=38°입니다.
  삼각형 ㄹㅁㄷ에서
  (각 ㄹㅁㄷ)=180°−(90°+38°)=52°
  입니다.

3 삼각형 ㄱㄴㄷ과 삼각형 ㄹㅁㄷ이 서로 합동인
  이등변삼각형이므로
  (각 ㅁㄹㄷ)=(각 ㄴㄱㄷ)
          =180°−(65°+65°)=50°
  입니다.

(각 ㄹㅂㄷ)=180°−80°=100°이므로
㉠=180°−100°−50°=30°입니다.

Jump ① 핵심알기 58쪽

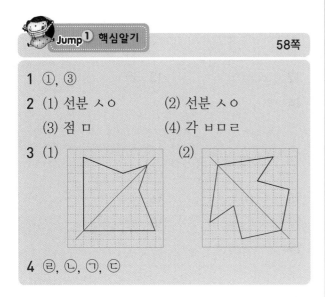

1 ①, ③

2 (1) 선분 ㅅㅇ   (2) 선분 ㅅㅇ
  (3) 점 ㅁ   (4) 각 ㅂㅁㄹ

3 (1)   (2)

4 ㄹ, ㄴ, ㄱ, ㄷ

4 원에서 대칭축은 지름이 됩니다.
  ㉠ 5개, ㉡ 6개, ㉢ 2개, ㉣ 무수히 많습니다.

Jump ② 핵심응용하기 59쪽

핵심응용 풀이 ㄴㄱ, ㄹㄱ, ㄴㄱㄹ, ㄹㄴㄱ, 2, 96,
96, 16, 12, 16, 12, 56

답 56 cm

확인 1 6가지   2 112°

3

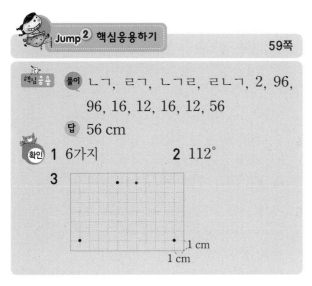

1

2 도형 ㄱㄴㄷㄹㅁ의 대칭축을
직선 ㄱㅂ이라고 하면
(각 ㄴㄱㅁ)=180°−64°
        =116°이므로
(각 ㅂㄱㅁ)=116°÷2
        =58°이고
(각 ㅁㄹㅂ)=180°−80°=100°입니다.
사각형 ㄱㅂㄹㅁ에서
(각 ㄱㅁㄹ)=360°−58°−100°−90°=112°
입니다.
따라서 각 ㄱㄴㄷ은 각 ㄱㅁㄹ의 대응각이므로
112°입니다.

3 주어진 세 점을 이으면
넓이가
10×6÷2=30(cm²)인
삼각형이 되므로
나머지 완성될 부분의 넓이는 6 cm²가 되어야
합니다.

Jump ① 핵심알기 60쪽

1 ㉠, ㉢, ㉤, ㉥   2 ㉢, ㉤, ㉥

3 (1) 점 ㅁ, 점 ㅂ (2) 변 ㅁㅂ, 변 ㅂㄱ
  (3) 각 ㅁㄹㄷ, 각 ㄱㄴㄷ (4) 12 cm

4 100 cm

4

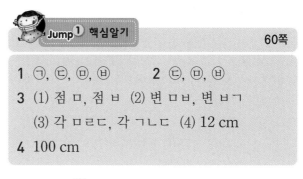

14×2+17×4+2×2=100(cm)

Jump ② 핵심응용하기 61쪽

핵심응용 풀이 2, 4, 2, 4, 2, 2, 10

답 10 cm

확인 1

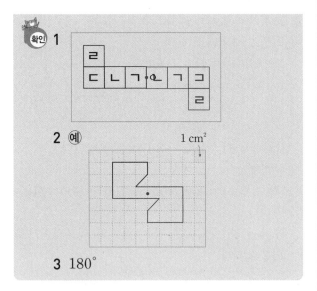

2 예

1 cm²

3 180°

2 먼저 대칭의 중심이 되는 점의 위치를 잡아본 다음 점대칭도형을 그려서 넓이가 17 cm²인지 확인합니다.

3 주어진 조건과 점대칭도형의 성질을 이용하면 네 선분 ㄱㅇ, ㄹㅇ, ㅁㅇ, ㄴㅇ의 길이가 모두 같고

(각 ㄱㅇㄴ)=(각 ㄹㅇㅁ)
　　　　　　　　=90°이므로
①+②=180°-90°=90°입니다.
주어진 도형은 육각형이므로 모든 각의 합이 720°입니다.
(○+×)×2+(①+②)×2+90°×2=720°,
(○+×)×2+180°+180°=720°이므로
○+×=180°입니다.

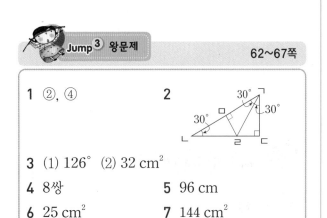

Jump 3 왕문제　　　　　62~67쪽

1 ②, ④	**2**
3 (1) 126° (2) 32 cm²	
4 8쌍	**5** 96 cm
6 25 cm²	**7** 144 cm²
8 19	**9** ④번

10

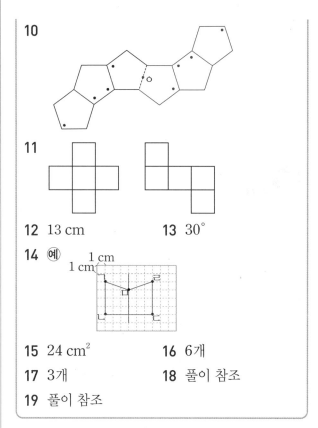

11

12 13 cm　　　**13** 30°

14 예

1 cm
1 cm

15 24 cm²　　　**16** 6개

17 3개　　　**18** 풀이 참조

19 풀이 참조

2 각 ㄴㄱㄷ을 이등분하는 선분을 긋고 이 선분이 변 ㄴㄷ과 만나는 점을 ㄹ이라 하면, 점 ㄹ에서 변 ㄱㄴ에 수선을 그어 주면 합동인 삼각형 3개가 됩니다.

3 (1) 삼각형 ㄱㄴㅁ과 삼각형 ㄷㅂㅁ이 서로 합동이므로 삼각형 ㄱㅁㄷ은 이등변삼각형입니다.
따라서 (각 ㄱㅁㄷ)=180°-27°×2
　　　　　　　　　　=126°입니다.

(2) (선분 ㄴㅁ)=(선분 ㅂㅁ)=3 cm,
(선분 ㄱㄴ)=(선분 ㄷㅂ)=4 cm이므로
(직사각형 ㄱㄴㄷㄹ의 넓이)
=(3+5)×4
=32(cm²)입니다.

4 1칸짜리 : 2쌍, 2칸짜리 : 3쌍, 3칸짜리 : 1쌍,
4칸짜리 : 1쌍, 6칸짜리 : 1쌍
➡ 2+3+1+1+1=8(쌍)

5 직사각형의 가로를 4개로 나누면 작은 정사각형이 만들어집니다.
작은 정사각형의 한 변의 길이는
60÷10=6(cm)이므로 큰 정사각형의 한 변의 길이는 6×4=24(cm)이고,
둘레는 24×4=96(cm)입니다.

6 삼각형 ㄱㅁㄹ과 삼각형 ㄱㄷㄴ은 합동이므로 겹쳐진 부분의 넓이는 삼각형 ㄱㄴㄹ의 넓이와 같습니다.

삼각형 ㄱㄴㄹ의 넓이는 정사각형 넓이의 $\frac{1}{4}$이므로 $10 \times 10 \times \frac{1}{4} = 25(cm^2)$입니다.

7 삼각형 ㄱㄴㄷ과 삼각형 ㄹㅁㅂ이 서로 합동이므로 색칠한 부분끼리는 넓이가 같습니다. 따라서 색칠한 부분의 넓이는 사다리꼴 ㄱㄴㅁㅅ의 넓이의 2배와 같으므로 $(15+9) \times 6 \div 2 \times 2 = 144(cm^2)$입니다.

8 선대칭도형이 되는 문자 :

T E M O A K U V I D H ➡ 11개

점대칭도형이 되는 문자 : O N I H S ➡ 5개,

선대칭도형이 되면서 점대칭도형이 되는 문자 :

O I H ➡ 3개

따라서 a+b+c=11+5+3=19입니다.

9
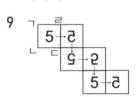

10 점 ㅇ을 대칭의 중심으로 하여 각각의 대응점을 찍은 후 연결합니다.

11 ㉠을 ㉣의 아래쪽으로 옮기거나 ㉡을 ㉤의 아래쪽으로 옮깁니다.

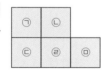

12
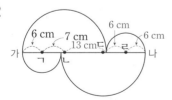

점 ㄴ이 중심인 큰 반원의 반지름은 13 cm, 점 ㄹ이 중심인 작은 반원의 반지름은 6 cm입니다.

선분 가나의 길이는 $13 \times 2 + 6 \times 2 = 38(cm)$이므로 점 가에서 대칭의 중심까지의 거리는 $38 \div 2 = 19(cm)$입니다.

따라서 대칭의 중심과 점 ㄱ 사이의 거리는 $19 - 6 = 13(cm)$입니다.

13 (선분 ㄱㅁ)=(선분 ㄱㄹ)=(선분 ㄹㅁ)이므로 삼각형 ㄱㄹㅁ은 정삼각형입니다.

따라서 (각 ㄹㄱㄷ)=$(180° - 60°) \div 2 = 60°$이고, ㉠$= 180° - (60° + 90°) = 30°$입니다.

14 사각형 ㄱㄴㄷㄹ의 넓이가 24 cm²이므로 $24 - 21 = 3(cm^2)$를 줄이기 위해서는 사각형 ㄱㄴㄷㄹ 안쪽에 점 ㅁ을 찍어야 합니다.

15 대칭축이 4개이므로 사각형 ㄱㄴㄷㄹ과 ㅁㅂㅅㅇ은 모두 정사각형입니다. 정사각형 ㄱㄴㄷㄹ의 넓이가 128 cm²이므로 정사각형 ㅁㅂㅅㅇ의 넓이는 $128 \div 4 = 32(cm^2)$입니다.

따라서 (사각형 ㄱㄴㅂㅁ의 넓이) $= (128 - 32) \div 4 = 24(cm^2)$입니다.

16

17

18 예
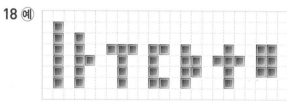

19 예
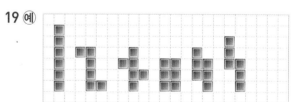

Jump 4 왕중왕문제

68~73쪽

| 1 ㉡, ㉣, ㉤ | 2 6배 |
| 3 16 cm | 4 7 cm |

5 $60°$　　　　**6** $180°$

7 $37°$　　　　**8** $45°$

9 $150°$　　　**10** $180\ \text{cm}^2$

11 $45°$　　　**12** $220\ \text{cm}^2$

13 $45\ \text{cm}^2$　　**14** 풀이 참조

15 7개

16

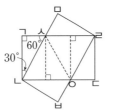

(여러 가지 도형으로 그릴 수 있습니다.)

17 4개　　　　**18** $128\ \text{cm}$

19 풀이 참조

---

1 삼각형 ㄱㄴㅅ, 삼각형 ㅁㄹㅅ, 삼각형 ㄷㄹㅇ, 삼각형 ㅂㄴㅇ은 모두 합동이므로 사각형 ㅅㄴㅇㄹ은 네 변의 길이가 모두 같고, 마주 보는 두 쌍의 변이 서로 평행합니다.

2 오른쪽 그림과 같이 직사각형 ㄱㄴㄷㄹ은 삼각형 ㄱㄴㅅ과 합동인 삼각형 6개로 나눌 수 있으므로 6배입니다.

3 (선분 ㄴㅇ)=(선분 ㅇㄷ의 2배)이므로 (선분 ㄴㅇ)=$(24 \div 3) \times 2 = 16(\text{cm})$입니다.

4 정사각형은 두 대각선이 $5 \times 2 = 10(\text{cm})$인 마름모입니다. 정사각형 2개의 넓이가 $(10 \times 10 \div 2) \times 2 = 100(\text{cm}^2)$이므로 겹쳐진 부분의 넓이는 $100 - 82 = 18(\text{cm}^2)$입니다. 겹쳐진 부분도 정사각형이면서 마름모입니다. $6 \times 6 \div 2 = 18$이므로 두 대각선이 $6\ \text{cm}$인 마름모입니다. 따라서 대칭의 중심이 되는 점과 점 ㄱ 사이의 거리는 $10 - 3 = 7(\text{cm})$입니다.

5 (변 ㄴㄷ)=(변 ㄷㄹ)이므로 삼각형 ㄴㄷㄹ은 이등변삼각형입니다. (각 ㄹㄷㄴ)=(각 ㅁㄹㄷ)=(각 ㄹㄴㄷ)이므로 삼각형 ㄹㄴㄷ은 정삼각형입니다. 따라서 각 ㄴㄷㄹ은 $60°$이므로 $60°$ 회전시킨 것입니다.

6 삼각형 ㄱㄴㅂ에서 (각 ㄴㄱㅂ)+(각 ㄴㅂㄱ)=$90°$입니다. 두 삼각형 ㄱㄴㅂ과 ㄴㄷㅅ이 서로 합동이므로 (각 ㄴㄱㅂ)=(각 ㄷㄴㅅ), 즉 (각 ㄷㄴㅅ)+(각 ㄴㅂㄱ)=$90°$입니다. 삼각형 ㄴㅂㅁ에서 (각 ㄴㅁㅂ)=$180° - 90° = 90°$이고, (각 ㄴㅁㅂ)=(각 ㄱㅁㅅ)이므로 (각 ㄱㅁㅅ)=$90°$입니다. 따라서 사각형 ㄱㅁㅅㄹ에서 (각 ㄹㄱㅁ)+(각 ㄹㅅㅁ)=$360° - 90° - 90°$

$\qquad\qquad\qquad\qquad\qquad = 180°$

입니다.

7 (각 ㄷㄹㅁ)=(각 ㄷㄱㄴ)

$\qquad\qquad = 180° - 66° \times 2 = 48°$,

(각 ㄹㄹㅂㄷ)=$180° - 58° = 122°$이므로 삼각형 ㄹㅂㄷ에서 (각 ㅂㄷㄹ)=$180° - (122° + 48°) = 10°$ 입니다. 삼각형 ㄱㄷㄹ는 이등변삼각형이므로 (각 ㄷㄹㄱ)=$(180° - 10°) \div 2 = 85°$입니다. 따라서 (각 ㄱㄹㅂ)=$85° - 48° = 37°$입니다.

8 선분 ㄱㄷ을 선분 ㄱㄹ로 옮기면 삼각형 ㄱㄴㄹ은 각 ㄱㄴㄹ이 직각인 이등변삼각형입니다. 따라서 ㉠+㉡=$45°$입니다.

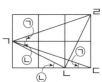

9 삼각형 ㅁㅅㅇ과 ㄹㅅㅇ은 합동이고, 삼각형 ㅂㅅㅈ은 삼각형 ㅂㅅㄴ과 합동입니다. (각 ㅁ)=(각 ㅈ)=$45°$, (각 ㅂㅅㅇ)=$60°$ (각 ㅅㅂㅈ)=(각 ㅅㅇㅁ)

$\qquad\qquad = 180° - 45° - 60° = 75°$

따라서 ㉮=$360° - 75° - 75° - 60° = 150°$ 입니다.

10 삼각형 ㄹㅁㄷ의 넓이는 삼각형 ㄱㄴㄷ의 넓이의 $1 - \dfrac{1}{8} - \dfrac{1}{8} = \dfrac{3}{4}$이므로 $20 \times 12 \div 2 = 120(\text{cm}^2)$의 $\dfrac{3}{4}$인 $90\ \text{cm}^2$입니다. 따라서 사각형 ㅂㅁㄷㄹ의 넓이는 $90 \times 2 = 180(\text{cm}^2)$입니다.

11 직선 가에 대하여 점 ㄷ의 대응점을 점 ㄷ´라 하면

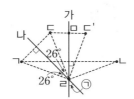

(각 ㄷ´ㄹㄴ)
=(각 ㄷㄹㄱ)
=26°+26°=52°
입니다.
(각 ㄷㄹㅁ)=(각 ㄷ´ㄹㅁ)이므로 각 ㄷㄹㅁ을 □라 하면 (각 ㄷㄹㄴ)=□+□+52°=90°이므로 □=(90°−52°)÷2=19°입니다.
따라서 ㉠=26°+19°=45°입니다.

12

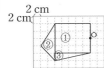

각 점을 대칭의 중심과 연결한 후 반대편의 같은 거리에 있는 대응점을 찾아 연결하여 점대칭도형을 완성합니다. 완성된 넓이는 처음 도형의 넓이의 2배가 됩니다.
(①의 넓이)=10×8=80(cm²)
(②의 넓이)=10×4÷2=20(cm²)
(③의 넓이)=10×2÷2=10(cm²)
따라서 완성된 도형의 넓이는
(80+20+10)×2=220(cm²)입니다.

13 선대칭도형과 점대칭도형을 완성하여 겹친 부분을 알아보면 다음 그림과 같습니다.

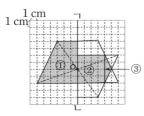

(①의 넓이)=(3+6)×6÷2=27(cm²)
(②의 넓이)=4×4=16(cm²)
(③의 넓이)=4×1÷2=2(cm²)
따라서 겹친 부분의 넓이는
27+16+2=45(cm²)입니다.

14

접은 순서와 반대로 펼쳐가면서 대칭이 됨을 이용해 그립니다.

15 백의 자리와 십의 자리에 올 수 있는 두 숫자는
00, 11, 22, 55, 69, 88, 96이므로

2002, 2112, 2222, 2552, 2692, 2882, 2962입니다.

17 정삼각형 4개를 사용하는 경우 : ,

정삼각형 5개를 사용하는 경우 : ,

참고 분모 은 점대칭도형이지만 선대칭도형은 아닙니다.

18 겹친 부분의 넓이는
20×20×2−736=64(cm²)이며 한 변의 길이가 8 cm인 정사각형 모양이 됩니다.
따라서 선대칭도형의 둘레의 길이는
(20+12)×4=128(cm)입니다.

19 예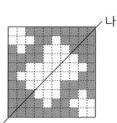

Jump 5 영재교육원 입시대비문제 **74쪽**

1 ㉠ : 40°, ㉡ : 30°	**2** 42개

1 삼각형 ㄱㄴㄷ은 이등변삼각형이므로 각 ㄱㄴㄷ은 180°−70°×2=40°입니다.
삼각형 ㅁㄴㄷ은 이등변삼각형이므로
㉠={180°−(60°+40°)}÷2=40°입니다.
삼각형 ㄱㄴㄹ과 삼각형 ㄷㄴㄹ은 합동이므로
㉡=60°÷2=30°입니다.

2 먼저 직선 가에 대하여 선대칭이 되도록 색칠합니다.
그리고 직선 나에 대하여 선대칭이 되도록 색칠합니다.

따라서 색이 칠해지지 않는 정사각형은 모두 42개입니다.

4 소수의 곱셈

Jump 1 핵심알기　76쪽

1 ©, @, ©, ㄱ	2 312.5 km
3 11.1 m	4 1시간 40분 48초

1 ㈀ 12.87　　㈁ 24.94　　㈂ 37.2　　㈃ 25.92

2 $62.5 \times 5 = \frac{625}{10} \times 5 = \frac{3125}{10} = 312.5(km)$

3 $1.85 \times 6 = \frac{185}{100} \times 6 = \frac{1110}{100} = 11.1(m)$

4 1일은 24시간이므로 $0.07 \times 24 = 1.68$(시간)입니다.
1.68시간에서 0.68시간은
$0.68 \times 60 = 40.8$(분)이고, 40.8분에서 0.8분은
$0.8 \times 60 = 48$(초)입니다.
따라서 0.07일은 1시간 40분 48초입니다.

Jump 2 핵심응용하기　77쪽

핵심응용 풀이	0.9, 0.9, 1, 0.9, 2, 0.9, 3, 0.9, 1, 0.9, 29, 0.9, 29, 26.1, 30
	답 30
확인 1 59.2 cm	2 197.5 m²

1 겹치게 이은 부분이 16군데이므로
$4.3 \times 16 - 0.6 \times 16 = 68.8 - 9.6 = 59.2$(cm)
입니다.

2 길을 포함한 큰 직사각형의 가로는
$22.5 + 2.5 \times 2 = 27.5$(m),
세로는 $12 + 2.5 \times 2 = 17$(m)입니다.
따라서 길의 넓이는
$27.5 \times 17 - 22.5 \times 12 = 197.5$(m²)
입니다.

Jump 1 핵심알기　78쪽

1 252 g	2 12.1 L
3 (1) 160.2 m² (2) 39.9 m²	
4 237명	

1 $48 \times 5.25 = 252$(g)

2 $8.5 + 4 \times 0.9 = 12.1$(L)

3 (1) $9 \times 17.8 = 160.2$(m²)
　(2) $11 \times 2.5 + 4 \times 3.1 = 39.9$(m²)

4 (작년 입학생 수)$=200 \times 0.79 = 158$(명)
　(올해 입학생 수)$=158 \times 1.5 = 237$(명)

Jump 2 핵심응용하기　79쪽

핵심응용 풀이	14, 14, 12.6, 14, 12.6, 8.4, 14, 8.4, 5.6
	답 5.6 kg
확인 1 22	2 349.5 m
3 8.96 cm	

1 $9 \times 2.69 = 24.21$이므로 $(9, 2.69) = 24$이고,
$15 \times 1.33 = 19.95$이므로 $\langle 15, 1.33 \rangle = 0.95$입니다.
$((9, 2.69), \langle 15, 1.33 \rangle) = (24, 0.95)$에서
$24 \times 0.95 = 22.8$이므로 구하는 값은 22입니다.

2 기온이 $34 - 15 = 19$(℃) 올라갔으므로 소리는
15 ℃일 때보다 1초에 $19 \times 0.5 = 9.5$(m) 더
멀리 갑니다.
따라서 34 ℃일 때 소리는 1초에
$340 + 9.5 = 349.5$(m)를 갑니다.

3
자른 횟수(번)	1	2	3	4	5	6	7
쌓인 종이 수(장)	2	4	8	16	32	64	128

7번을 자르면 쌓인 종이 수는 2를 7번 곱한 128
장이므로 높이는 $128 \times 0.07 = 8.96$(cm)가 됩니다.

Jump ① 핵심알기   80쪽

1	2.52	2	정사각형, 1.882 m²
3	6.75 m	4	28.386 L

1 $1.5 \times 0.84 = 1.26$이므로 $A = 1.26 \times 2 = 2.52$
입니다.

2 (정사각형의 넓이)$= 1.8 \times 1.8 = 3.24 (m^2)$
(직사각형의 넓이)$= 0.97 \times 1.4 = 1.358 (m^2)$
따라서 정사각형이 $3.24 - 1.358 = 1.882 (m^2)$
더 넓습니다.

3 그림자의 길이는 실제 길이의
$1 + 0.25 = 1.25$(배)입니다.
따라서 나무의 그림자 길이는
$5.4 \times 1.25 = 6.75 (m)$입니다.

4 5.7분$=$5분 42초$=342$초이고
342초$=(10 \times 34.2)$초이므로
한 사람이 5.7분 동안 마시는 공기의 양은
$0.83 \times 34.2 = 28.386 (L)$입니다.

Jump ② 핵심응용하기   81쪽

핵심응용 풀이 60, 8, 1.8, 4.8, 3.6, 8.4, 8.4,
1.8, 15.12, 15.12
답 15.12 km

확인 | 1 | 62.79 kg | 2 | 35.42 m² |
|---|----------|---|---------|
| 3 | 7 m | | |

1 (한솔이의 몸무게)$= 75 \times 0.8 - 11.7$
$\qquad\qquad\qquad = 48.3 (kg)$
(어머니의 몸무게)$= 48.3 \times 1.3 = 62.79 (kg)$

2 (가로)$= 1 \times 5 - 0.1 \times 4 = 4.6 (m)$
(세로)$= 2 \times 4 - 0.1 \times 3 = 7.7 (m)$
따라서 종이를 붙인 벽의 넓이는
$4.6 \times 7.7 = 35.42 (m^2)$입니다.

3 처음 정사각형의 한 변을
△ m라 합니다.
⑪$+$⑭$+$⑮$= 40.25 (m^2)$,
⑮$= 3.5 \times 1.5 = 5.25 (m^2)$
⑪$+$⑭$= 40.25 - 5.25$
$\qquad\quad = 35 (m^2)$
⑪$+$⑭$= 3.5 \times △ + 1.5 \times △ = 5 \times △ = 35$,
$△ = 7$

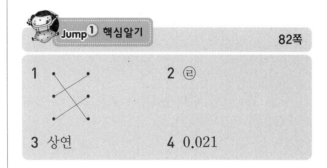

Jump ① 핵심알기   82쪽

1	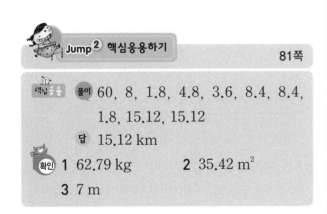	2	㉣
3	상연	4	0.021

2 ㉠ 243.93 ㉡ 47 ㉢ 4.7 ㉣ 519

3 단위를 같게 한 후 비교해 봅니다.
$0.428 m \Rightarrow 0.428 \times 100 = 42.8 (cm)$
$42.8 cm > 40.7 cm$이므로 상연이가 키우는 식
물이 더 크게 자랐습니다.

4 37은 3.7에 10을, 150은 15에 10을 곱한 수이
므로 210에 0.01을 곱하면 11655가 됩니다. 주
어진 값이 116.55이므로 가에 알맞은 수는 210
에 0.0001을 곱한 수인 0.021입니다.

Jump ② 핵심응용하기   83쪽

핵심응용 풀이 57.69, 57.69, 57.69, 4.2, 57.69,
57.69, 111.18, 10, 4.2, 42,
111.18, 1111.8
답 42, 1111.8

확인 | 1 | 35.5 | 2 | ㄱ : 4, ㄴ : 7 |
|---|------|---|---------------|
| 3 | 185.4 | | |

1 십의 자리 아래 수를 버림하면 350, 일의 자리에서 반올림하면 360이 되는 수는 355, 356, 357, 358, 359이므로

어떤 소수 한 자리 수는 35.5, 35.6, 35.7, 35.8, 35.9가 될 수 있습니다.

$35.5 \times 0.1 = 3.55$이므로 0.1을 곱했을 때 소수 둘째 자리 숫자가 5인 수는 35.5입니다.

2 ㄱ.ㄱㄱ × 0.ㄱㄴ의 곱은 ㄱㄱㄱ × ㄱㄴ의 곱에 0.0001을 곱한 것과 같으므로

ㄱㄱㄱ × ㄱㄴ = 2□□□8입니다.

	ㄱ	ㄱ	ㄱ
×		ㄱ	ㄴ
	(ㄱ×ㄴ)	(ㄱ×ㄴ)	(ㄱ×ㄴ)
(ㄱ×ㄱ)	(ㄱ×ㄱ)	(ㄱ×ㄱ)	
2	□	□	□	8

ㄱ × ㄱ이 십의 자리 숫자가 1 또는 2인 두 자리 수이므로

$4 \times 4 = 16$, $5 \times 5 = 25$에서 ㄱ은 4 또는 5가 될 수 있습니다.

ㄱ × ㄴ은 일의 자리 숫자가 8이므로 ㄱ은 4임을 알 수 있고,

$4 \times 2 = 8$, $4 \times 7 = 28$이므로 ㄴ은 2 또는 7이 될 수 있습니다.

$444 \times 42 = 18648$, $444 \times 47 = 20868$이므로 ㄱ은 4, ㄴ은 7입니다.

3 $1.51 + 1.54 + 1.57 + \cdots + 3.64$는

$(151 + 154 + 157 + \cdots + 364) \times 0.01$과 같습니다. 151, 154, 157, $\cdots$, 364는 151부터 3씩 커지는 규칙입니다.

마지막 수 364는 $364 = 151 + 3 \times 71$에서 3을 71번 더한 수이므로 72번째 수입니다.

따라서 151부터 364까지 더한 수는 모두 72개이고, 그 합은 515를 $(72 \div 2)$번 더한 것과 같습니다.

$$151 + 154 + \cdots + 361 + 364 = 515 \times (72 \div 2)$$
$$= 18540$$

(515 ← 515)

이므로 주어진 식의 값은
$18540 \times 0.01 = 185.4$입니다.

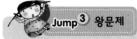

84~89쪽

1 $19625 \ cm^2$		**2** 126명	
3 4 m		**4** 348.5 cm	
5 13.5 m		**6** 3600원	
7 가 : 10, 나 : 58.75, 다 : 58.75			
8 39.416 L			
9		**10** 29.8655	

9
```
      5. 4 2
    ×  0. 5 6
    ─────────
      3 2 5 2
    2 7 1 0
    ─────────
    3. 0 3 5 2
```

11 (나), 2.5 cm		**12** 4.728	
13 16		**14** 180.8 cm	
15 0.26 m		**16** 3분 후	
17 50분 후		**18** 50.463	

1 1 m = 100 cm이고, 도배지 4장을 이어 붙이면 겹치는 부분은 4 − 1 = 3(군데)이므로

(이어 붙인 도배지의 가로)
$= 100 \times 4 - 2.5 \times 3$
$= 400 - 7.5 = 392.5(cm)$

(전체 넓이) = $392.5 \times 50 = 19625(cm^2)$

2 남학생이 $375 \times 1.2 = 450$(명)이므로 전체 학생은 $375 + 450 = 825$(명)입니다.

수학을 좋아하는 학생은 $825 \times 0.48 = 396$(명)이고, 수학을 좋아하는 남학생은
$450 \times 0.6 = 270$(명)이므로

수학을 좋아하는 여학생은
$396 - 270 = 126$(명)입니다.

3 두 번째로 튀어올랐을 때 두 공의 높이의 차는 처음 높이의 $0.7 \times 0.7 - 0.4 \times 0.4 = 0.33$입니다.

처음에 공을 떨어뜨린 높이를 □m라 하면

□ × 0.33 = 1.32에서 □ × 33 = 132이므로
□ = 132 ÷ 33 = 4(m)입니다.

4 한 바퀴를 감을 때마다 상자의 면 4개가 감기므로

$10\frac{1}{4}$바퀴 = 10.25바퀴를 감은 것입니다.

따라서 끈의 길이는
$8.5 \times 4 \times 10.25 = 348.5(cm)$입니다.

5 (미술 시간에 사용한 길이)$=45 \times 0.6 = 27$(m)

(미술 시간에 사용하고 남은 철사의 길이)

$=45 - 27 = 18$(m)

(친구에게게 준 철사의 길이)

$=18 \times 0.25 = 4.5$(m)

따라서 남은 철사의 길이는

$18 - 4.5 = 13.5$(m)입니다.

별해 (남은 철사의 길이)

$=45 \times (1-0.6) \times (1-0.25)$

$=45 \times 0.4 \times 0.75$

$=13.5$(m)

6 (썩지 않은 멜론의 수)$=180 \times (1-0.15)$

$=180 \times 0.85$

$=153$(개)

(팔아야 하는 총 가격)$=459000 \times (1+0.2)$

$=550800$(원)

따라서 멜론 한 개에 $550800 \div 153 = 3600$(원)씩 팔면 됩니다.

7 가$\times 2.25 +$나$+$다$=140$,

나$-15=$가$\times 4.375$ ➡ 나$=$가$\times 4.375 + 15$,

나$=$다 ➡ 다$=$가$\times 4.375 + 15$

가$\times 2.25 +$가$\times 4.375 + 15 +$가$\times 4.375 + 15$

$=140$이므로

가$\times 2.25 +$가$\times 4.375 +$가$\times 4.375$

$=140 - (15+15) = 110$입니다.

가$\times 2.25 +$가$\times 4.375 +$가$\times 4.375$는 가의

$2.25 + 4.375 + 4.375 = 11$(배)와 같으므로

가$=110 \div 11 = 10$,

나$=10 \times 4.375 + 15 = 58.75$,

다$=58.75$입니다.

8 3시간 15분$=3.25$시간이므로 자동차가 달린 거리는 $75.8 \times 3.25 = 246.35$(km)입니다.

따라서 사용한 휘발유의 양은

$0.16 \times 246.35 = 39.416$(L)입니다.

9

```
      ㉠ . ㉡ 2
  ×     0 . 5 ㉢
  ─────────────
      3 ㉣ 5 2
  □ □   1 □
  ─────────────
  3 . □ 3 □ 2
```

$2 \times$㉢의 일의 자리 숫자가 2이므로 ㉢$=1$ 또는 ㉢$=6$입니다.

㉢$=1$이면 ㉠㉡2$\times 1=3$□52가 성립하지 않으므로 ㉢$=6$입니다.

㉡$\times 6 + 1$의 일의 자리 숫자는 5이므로 ㉡$\times 6$의 일의 자리 숫자는 4입니다.

따라서 ㉡$=4$ 또는 ㉡$=9$입니다.

㉡$=4$일 때 ㉠$\times 6 + 2 = 3$㉣이므로

㉠$=5$ 또는 ㉠$=6$입니다.

→ $5.42 \times 0.56 = 3.0352$(○),

$6.42 \times 0.56 = 3.5952$(×)

㉡$=9$일 때 ㉠$\times 6 + 5 = 3$㉣이므로 ㉠$=5$입니다. → $5.92 \times 0.56 = 3.3152$(×)

따라서 ㉠$=5$, ㉡$=4$, ㉣$=6$입니다.

10 $2.4 ▲ 3.7 = (2.4+3.7) \times 2.4$

$= 6.1 \times 2.4$

$= 14.64$

$2.45 ● 14.64 = 2.45 \times (14.64-2.45)$

$= 2.45 \times 12.19$

$= 29.8655$

11 (가)의 경우 길이가 10 cm인 테이프가

$20 \div 2 = 10$(장) 생기므로 연결하면 길이가

$10 \times 10 - 0.5 \times 9 = 95.5$(cm)가 됩니다.

(나)의 경우 길이가 20 cm인 테이프가

$10 \div 2 = 5$(장) 생기므로 연결하면 길이가

$20 \times 5 - 0.5 \times 4 = 98$(cm)가 됩니다.

따라서 (나)가 $98 - 95.5 = 2.5$(cm) 더 깁니다.

12 0.002씩 커지는 수를 0.174부터 0.22까지 늘어 놓았습니다.

$0.22 - 0.174 = 0.046$이므로 0.174부터 0.22까지 24개의 수를 더한 것입니다.

$0.174 + 0.176 + 0.178 + \cdots\cdots + 0.216 + 0.218 + 0.22$

0.394

0.394

0.394

$= 0.394 \times 12 = 4.728$

13 두 소수의 곱이 가장 작으려면

$0.㉠㉡ \times 0.㉢㉣$에서 ㉠과 ㉢에 가장 작은 숫자와 두 번째로 작은 숫자를 넣어 곱셈식을 만들어야 합니다

$0.25 \times 0.37 = 0.0925$, $0.27 \times 0.35 = 0.0945$

➡ $0.0925 < 0.0945$

따라서 곱이 가장 작을 때의 곱은 0.0925이고, 이때 곱의 각 자리 숫자의 합은 $9+2+5=16$입니다.

14 다음과 같이 안쪽의 지름끼리 연속으로 연결된 모습이 됩니다.

따라서
$$5.6 \times 32 + 0.8 \times 2 = 179.2 + 1.6$$
$$= 180.8 \text{(cm)}$$
입니다.

15 $\frac{1}{40}$을 소수로 고치면 0.025이므로 모형의 높이는
$10.4 \times 0.025 = 0.26 \text{(m)}$입니다.

16 주연이와 민정이가 걷기 시작하여 □분 후에 만난다고 하면
(주연이가 걸은 거리)$= (0.14 \times □) \text{km}$,
(민정이가 걸은 거리)$= (0.16 \times □) \text{km}$이고
(주연이가 걸은 거리)$+$(민정이가 걸은 거리)
$=$(운동장의 둘레)
→ $0.14 \times □ + 0.16 \times □ = 0.9$,
$0.3 \times □ = 0.9$, $0.3 \times 3 = 0.9$이므로
$□ = 3$입니다.
따라서 3분 후에 만납니다.

17 형이 출발하고 □분 후에 만난다고 하면 민준이가 걸은 시간은 $(30 + □)$분이므로
(민준이가 걸은 거리)$= 0.18 \times (30 + □) \text{km}$,
(형이 자전거를 타고 달린 거리)
$= (0.45 \times □) \text{km}$
$0.18 \times (30 + □) = 0.45 \times □$,
$5.4 + 0.18 \times □ = 0.45 \times □$,
$0.27 \times □ = 5.4$
→ $0.27 \times 20 = 5.4$, $□ = 20$
따라서 형이 출발하고 20분 후에 만나므로 민준이가 출발하고 $30 + 20 = 50$(분) 후에 만납니다.

18 곱하는 두 소수의 곱을 ㉠.㉡×㉢.㉣㉤이라고 하면 ㉠과 ㉢이 클수록 곱이 큽니다.
㉠$= 8$, ㉢$= 6$일 때
$8.3 \times 6.01 = 49.883$, $8.1 \times 6.03 = 48.843$
㉠$= 6$, ㉢$= 8$일 때
$6.3 \times 8.01 = 50.463$, $6.1 \times 8.03 = 48.983$
따라서 곱이 가장 클 때는 $6.3 \times 8.01 = 50.463$입니다.

 Jump ④ 왕중왕문제

90~95쪽

1 27.378 cm²	
2 ㉠$= 7$, ㉡$= 4$, ㉢$= 0$, ㉣$= 6$	
3 6시간 15분	**4** 51세
5 ㉡	**6** 113 km
7 168.32 cm	**8** 50분 후
9 23320원	**10** 46.4 kg
11 42.34	
12 (1) 62.5 cm² (2) 1237.5 cm²	
13 28.09 cm²	**14** 54 km
15 종이학 : 185개, 종이배 : 207개	
16 162 m	**17** 소수 62자리 수
18 2시간 12분	

1 (색칠한 부분의 가로)$= 7.24 + 6.84 - 9.4$
$= 4.68 \text{(cm)}$
(색칠한 부분의 세로)$= 7.01 - 1.16$
$= 5.85 \text{(cm)}$
➡ (색칠한 부분의 넓이)$= 4.68 \times 5.85$
$= 27.378 \text{(cm}^2)$

2 소수 첫째 자리, 소수 둘째 자리 : ㉡×9의 일의 자리 숫자는 ㉣이고, ㉠×9에 올림한 수를 더하면 일의 자리 숫자는 ㉣이 됩니다.
일의 자리 : 백의 자리, 십의 자리에서도 소수 첫째, 둘째 자리와 같은 결과가 나오므로 ㉢×9에서 올림하는 수가 없습니다.
이때 ㉢$= 1$ 또는 ㉢$= 0$이고, ㉢$= 1$이면 소수 첫째 자리에서는 올림이 없어야 하므로 ㉠$= 0$이 되어 성립하지 않습니다.
따라서 ㉢$= 0$입니다.
㉠㉡×9$=$㉣㉣㉣에서 ㉣㉣㉣은 9의 배수이므로 ㉣$+$㉣$+$㉣은 9의 배수이어야 합니다.
따라서 ㉣이 될 수 있는 숫자는 3, 6, 9입니다.
㉣$= 3$일 때 $333 \div 9 = 37$이므로
㉠$= 3$입니다. (×)
㉣$= 6$일 때 $666 \div 9 = 74$이므로
㉠$= 7$, ㉡$= 4$입니다. (○)
㉣$= 9$일 때 $999 \div 9 = 111$이므로 성립하지 않습니다.

3 한 사람이 한 시간 동안 하는 일의 양을 1이라고 하면 3시간 15분=$3\frac{15}{60}$시간=3.25시간,

1시간 30분=1.5시간이므로 전체의 0.8을 만들 때까지 한 일의 양은

$100×3.25+50×1.5=400$입니다.

남은 일의 양은 전체의 0.2로 100입니다.

따라서 16명이 100의 일을 하려면 한 사람이

$100÷16=\frac{100}{16}=\frac{25}{4}=\frac{625}{100}=6.25$(시간)

→ 6시간 15분 일을 더 해야 합니다.

> 참고　전체 일의 0.8이 400이므로
> $0.2×4=0.8$, $100×4=400$에서 전체
> 일의 0.2는 100입니다.

4 현재 어머니의 나이는

$(13+5)×2\frac{4}{9}-5=39$(세)

입니다.

따라서 11년 후의 아버지의 나이는

$(39+11)×1.02=51$(세)입니다.

5 ㉣=4이고 ㉢×6의 일의 자리 숫자가 4이므로 ㉢=4(×) 또는 ㉢=9(○)입니다.

→4+9=13이므로 ㉤=3이고,
㉠+6=13에서 ㉠=7,
1+㉡=3에서 ㉡=2입니다.

```
            ㉠ . ㉡  9
    ×           4 . 6
    ─────────────────
        4  ㉤ ㉠  4
    ㉡  9  1  6
    ─────────────────
    ㉤ ㉤ . 5  ㉤  4
```

따라서 ㉠~㉤ 중에서 가장 작은 수는 ㉡입니다.

6

동민이가 1.4시간 동안 먼저 간 거리는
$10×1.4=14$(km)입니다.

한초가 ⑫만큼 갈 때 동민이는 ⑩만큼 가는 것으로 볼 수 있으므로 A와 B 사이의 거리는
(㉒+14) km입니다.

그러므로 A와 B 사이의 거리의 $\frac{1}{2}$은

(⑪+7) km이고 이것은 (⑫+2.5) km와 같으므로 ①=7-2.5=4.5(km)입니다.

따라서 A와 B지역 사이의 거리는
$22×4.5+14=113$(km)입니다.

7 정사각형 1개의 둘레는 $5.26×4=21.04$(cm)이고 정사각형을 한 개 더 붙일 때마다
$5.26×2=10.52$(cm)씩 길어집니다.

따라서 도형의 둘레는
$21.04+10.52×14=21.04+147.28$
$\qquad\qquad\qquad\quad=168.32$(cm)

입니다.

8 두 사람이 만나게 될 때까지 걸리는 시간을 □분이라고 할 때

(민재가 간 거리)=$(0.16×□)$km,

(현우가 간 거리)=$(0.24×□)$km이고 두 사람이 간 거리의 차가 공원 둘레 한 바퀴와 같으므로 $0.24×□-0.16×□=4$, $0.08×□=4$,
$0.08×50=4$, □=50입니다.

따라서 50분 후에 처음으로 다시 만나게 됩니다.

> 참고
>
> ➡ 같은 방향으로 진행하여 다시 만나려면 현우가 한 바퀴를 더 돌아서 만나게 됩니다. 따라서 두 사람이 간 거리의 차는 공원 한 바퀴의 거리와 같습니다.

9 (딸기잼을 만드는 데 든 비용)
$=4500×3.6+1200×0.4$
$=16200+480=16680$(원)

(만든 딸기잼의 양)=$3.6+0.4=4$(kg)

$0.5×8=4$에서 0.5 kg씩 8개로 나누어 팔 수 있으므로 판 금액은 $5000×8=40000$(원)입니다.

따라서 이익금은 $40000-16680=23320$(원)입니다.

10 (세 사람의 몸무게의 합)
$=(42.5×2+49.2×2+45.3×2)÷2$
$=42.5+49.2+45.3=137$(kg)

(예슬이와 한별이의 몸무게의 합)
$=45.3×2=90.6$(kg)

입니다.

따라서 상연이의 몸무게는
$137-90.6=46.4(kg)$입니다.

11 가의 소수점을 빠뜨리고 계산할 때
가－나$=67.2$이므로 나의 소수 부분은
$1-0.2=0.8$입니다.

또, 두 수의 합이 13.1이므로 두 수의 자연수 부분의 합은 12이고, 가의 소수 부분은
$1.1-0.8=0.3$입니다.

따라서 가$=7.3$, 나$=13.1-7.3=5.8$이므로
가와 나의 곱은 $7.3\times5.8=42.34$입니다.

12 (1) 그림에서 색칠한 부분이 3장
만 겹쳐지는 부분입니다.
넓이가 $2.5\times2.5=6.25(cm^2)$
인 정사각형 한 개를 한 칸이라
고 하면 3칸씩 차지하는 부분이 2군데,
2칸씩 차지하는 부분이 2군데입니다.
따라서 3장만 겹쳐지는 부분은
$3\times2+2\times2=10(칸)$이므로 겹쳐지는 부분의 넓이는 $6.25\times10=62.5(cm^2)$입니다.

(2) 3칸씩 차지하는 부분이 2군데인데 맨 앞에 있는 3장과 맨 뒤에 있는 1장 때문에 3칸씩 겹쳐지는 부분이 2군데 생긴 것입니다. 그러므로 100장이 겹쳐지면 2칸씩 차지하는 부분은 $100-3-1=96(군데)$ 생깁니다.
따라서 3장만 겹쳐지는 부분은
$3\times2+2\times96=198(칸)$이므로 겹쳐지는 부분의 넓이는 $6.25\times198=1237.5(cm^2)$입니다.

13
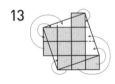
왼쪽 그림과 같이 정사각형의 일부분을 이동시켜 보면 정사각형 10개의 넓이는 한 변이 5.3 cm인 정사각형의 넓이와 같음을 알 수 있습니다.

따라서 도형의 넓이는 $5.3\times5.3=28.09(cm^2)$입니다.

14 가 조는 나 조보다 하루에 $3.7-1.7=2(km)$씩
더 많이 연결하므로 도로를 연결하는 데 걸린 날은 $20\div2=10(일)$입니다.
따라서 도로의 총 길이는
$(3.7+1.7)\times10=54(km)$입니다.

15 두 사람이 함께 1분 동안 종이학을 만들었다면
$4+6=10(개)$, 종이배를 만들었다면
$8+10=18(개)$를 만들 수 있습니다.
30분 동안 종이학만 만들었다고 생각하면
$30\times10=300(개)$를 만들었으나 실제로는 392
개를 만들었으므로 종이배를 만드는 데 걸린 시간은 $(392-300)\div(18-10)=11.5(분)$입니다.
따라서 만든 종이배는 $11.5\times18=207(개)$,
만든 종이학은 $392-207=185(개)$입니다.

16
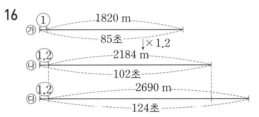

A 열차의 길이를 ①이라 하면 B 열차의 길이는 ①.②입니다.
열차는 1초에
$(2690-2184)\div(124-102)=23(m)$
의 빠르기로 갑니다.
따라서 A 열차의 길이는
$85\times23-1820=135(m)$이므로
B 열차의 길이는 $135\times1.2=162(m)$입니다.

17 소수 두 자리 수를 35개 곱했으므로 곱은 0까지 생각하여 소수 70자리 수입니다. 이때 소수점 아래 끝자리에 있는 숫자 0은 생략해야 합니다.
0.5, 0.10, 0.15, 0.20, 0.30, 0.35를 곱할 때마다 0이 1개씩 생기고 0.25를 곱할 때 0이 2개 생기므로 소수점 아래 생략할 수 있는 숫자 0은 모두 8개입니다.
따라서 0을 생략하여 나타내면 곱은 소수 62자리 수입니다.

18 4시간 12분은 4.2시간이고 5시간 24분은 5.4시간입니다.
$5.4-4.2=1.2(시간)$ 동안 5명이 나무를 심은 양은 3명이 4시간 12분 중 나무를 심지 않은 □시간 동안 심은 양과 같습니다.
$1.2\times5=3\times□$, $6=3\times□$, $□=2$
따라서 3명은 4시간 12분 중 2시간 동안 나무를 심지 않은 것이므로 8명이 함께 나무를 심은 시간은 4시간 12분－2시간$=$2시간 12분입니다.

Jump 5 영재교육원 입시대비문제

96쪽

1 38.85	2 2.08 m²

1 A의 규칙 : 세 자리 수를 넣었을 때 각 자리의 숫자를 이용하여 만들 수 있는 가장 큰 소수 두 자리 수가 나옵니다.
➡ ㉠＝8.75

B의 규칙 : 넣는 두 소수의 합에서 각 자리 숫자의 반이 나옵니다.

$8.75＋0.13＝8.88$이므로 각 자리 숫자의 반으로 이루어진 소수는 4.44입니다. ➡ ㉡＝4.44

따라서 ㉠×㉡＝8.75×4.44＝38.85입니다.

2 자르기 전 합판의 한 변의 길이를 구해야 합니다.

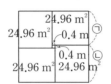

오른쪽 그림과 같이 남은 합판과 크기가 같은 직사각형 4개를 붙여 큰 정사각형을 만들면

넓이가 $24.96×4＋0.4×0.4＝100(m^2)$이므로 한 변은 10 m가 됩니다.

㉠과 ㉡은 합이 10 m이고 차가 0.4 m이므로

㉠＝$(10－0.4)÷2＝4.8(m)$이고

㉡은 5.2 m입니다.

따라서 잘라낸 합판의 세로는 5.2 m이므로 잘라낸 합판의 넓이는

$0.4×5.2＝2.08(m^2)$입니다.

5 직육면체

Jump 1 핵심알기

98쪽

1 ① 면 ② 꼭짓점 ③ 모서리
2 (1) 6개 (2) 12개 (3) 8개
3 6개   4 108 cm
5 6

3 직육면체의 모서리는 모두 12개입니다. 보이는 모서리는 9개, 보이지 않는 모서리는 3개이므로 보이는 모서리가 9－3＝6(개) 더 많습니다.

4 $9×4＋8×4＋10×4＝108(cm)$

5 길이가 같은 모서리가 각각 4개씩 있습니다.
$(7＋10＋□)×4＝92$,
$□＝92÷4－(7＋10)＝6(cm)$입니다.

Jump 2 핵심응용하기

99쪽

핵심응용 **풀이** 28, 122, 2, 2, 4, 36, 122, 2, 2, 36, 4, 32, 4, 8, 8

답 8

확인 1 262 cm   2 248 cm, 160 cm
      3 128개

1 $11×6＋19×4＋20×6＝262(cm)$

2 모서리의 길이의 합이 가장 큰 경우 : 모서리의 길이의 합 : $(48＋8＋6)×4＝248(cm)$

모서리의 길이의 합이 가장 작은 경우 : 모서리의 길이의 합 : $(12＋16＋12)×4＝160(cm)$

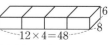

3 1번 자르면 2개, 2번 자르면 $2 \times 2 = 4$(개), 3번 자르면 $4 \times 2 = 8$(개), 4번 자르면 $8 \times 2 = 16$(개)의 직육면체가 생깁니다.

따라서 직육면체 1개의 꼭짓점은 8개이므로 4번 자르면 꼭짓점은 모두 $8 \times 16 = 128$(개)가 됩니다.

Jump ❶ 핵심알기   100쪽

1 ①, ③, ⑤

2 (1) ㉠, ㉡, ㉣, ㉂ (2) ㉡, ㉂

3 108 cm   **4** 27개

---

3 정육면체의 모서리는 12개입니다.
따라서 $9 \times 12 = 108$(cm)입니다.

4 $3 \times 3 \times 3 = 27$(개)

Jump ❷ 핵심응용하기   101쪽

핵심응용 풀이 1, 8, 2, 2, 12, 24, 4, 4, 6, 24

4, 4, 4, 8, 24, 24, 64, 56, 8

답 8개

확인 1 40개   **2** 10개

1
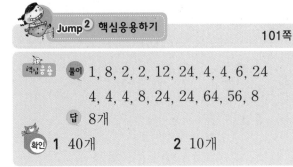
$8 \times 5 = 40$(개)

2
위에서 본 모양에 쌓아 올린 정육면체의 개수를 적으면 왼쪽과 같습니다.

Jump ❶ 핵심알기   102쪽

1 (1) ① 면 ㄴㅂㅅㄷ ② 면 ㄹㅇㅅㄷ
③ 면 ㄱㄴㄷㄹ

(2) 면 ㄱㄴㄷㄹ, 면 ㄴㅂㅅㄷ, 면 ㄱㅁㅇㄹ, 면 ㅁㅂㅅㅇ

2 (1) 평행 (2) 6 (3) 수직 (4) 할 수 있습니다.

3 3가지

4 면 ㄱㄴㄷㄹ, 면 ㅁㅂㅅㅇ

---

3 서로 평행한 면에 같은 색의 색종이를 붙이면 만나는 면끼리는 서로 다른 색이 됩니다.

Jump ❷ 핵심응용하기   103쪽

핵심응용 풀이
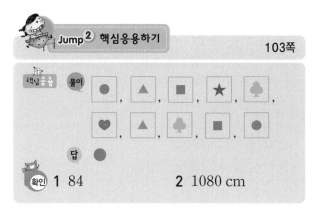

답 ●

확인 1 84   **2** 1080 cm

---

1 주사위 한 개에 있는 눈의 합은
$1+2+3+4+5+6 = 21$이므로 6개의 주사위에 있는 눈의 합은 $21 \times 6 = 126$입니다. 주사위의 맞닿은 곳이 6곳이므로 겉면의 눈의 합은 $126 - 7 \times 6 = 84$입니다.

2 정육면체 모양은 가로, 세로, 높이가 모두 같아야 합니다. 따라서 벽돌을 쌓아서 가로, 세로, 높이가 모두 같게 하려면 18, 10, 10의 최소공배수를 구해야 합니다. 즉, 18, 10, 10의 최소공배수인 90 cm를 한 모서리의 길이로 해서 정육면체를 만들 수 있습니다. 따라서 정육면체의 모서리의 길이의 합은 $90 \times 12 = 1080$(cm)입니다.

Jump ① 핵심알기　104쪽

1 ③, ④

2
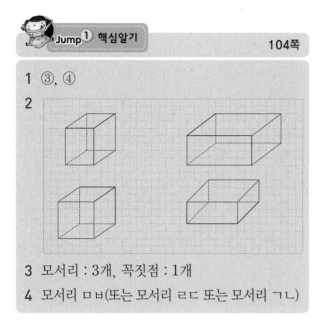

3 모서리 : 3개, 꼭짓점 : 1개

4 모서리 ㅁㅂ(또는 모서리 ㄹㄷ 또는 모서리 ㄱㄴ)

1 ③ 보이는 모서리는 모두 실선으로 그립니다.
　④ 보이지 않는 모서리는 모두 점선으로 그립니다.

Jump ② 핵심응용하기　105쪽

핵심응용 **풀이** 14, 9, 16, 4, 3, 14, 9, 16, 4, 156
　답 156 cm

확인 1
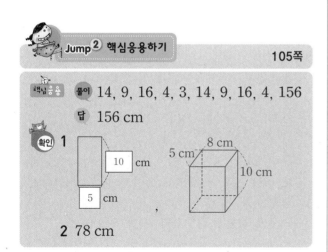

2 78 cm

2 직육면체의 밑면의 세로는
　$24 \div 2 = 12$(cm)입니다.
　따라서 보이는 모서리의 길이의 합은
　$12 \times 3 + 6 \times 3 + 8 \times 3 = 78$(cm)입니다.

　참고 직육면체에서 보이는 모서리는 길이가 같은 모서리가 3개씩 3쌍 있습니다.

Jump ① 핵심알기　106쪽

1 (1) 면 ㅈㅇㅅㅊ
　(2) 면 ㅎㄷㄹㅍ, 면 ㅌㅍㅊㅋ, 면 ㅊㅅㅇㅈ, 면 ㄹㅁㅂㅅ
　(3) 점 ㄱ, 점 ㅈ　(4) 선분 ㅎㄱ

2 ①, ④

3

4 14 cm

4 어떤 모양으로 펼치든 정육면체의 전개도는 14개의 모서리로 둘러싸여 있습니다.

Jump ② 핵심응용하기　107쪽

핵심응용 **풀이** 직선, 12, 10, 22, 22, 직각이등변삼각형, 직각이등변삼각형, 12, 12
　답 12 cm

확인 1 (1)　(2)
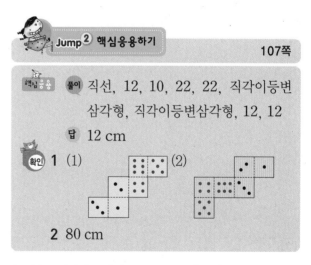

2 80 cm

2 $10 \times 4 + 3 \times 4 + 7 \times 4 = 80$(cm)

Jump ③ 왕문제　108~113쪽

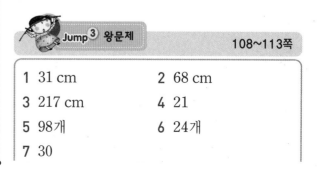

1 31 cm	2 68 cm
3 217 cm	4 21
5 98개	6 24개
7 30	

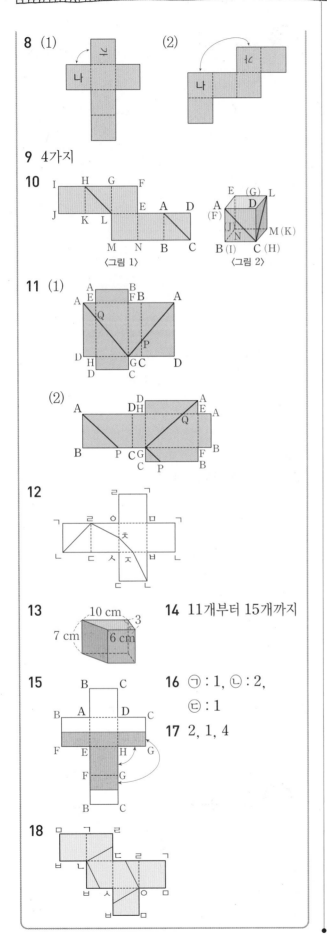

8 (1) (2)

9 4가지

10 〈그림 1〉 〈그림 2〉

11 (1)

(2)

12

13

14 11개부터 15개까지

15

16 ㉠ : 1, ㉡ : 2,
ㄷ : 1

17 2, 1, 4

18

1 더 그려야 할 점선은 6 cm인 선분 1개, 15 cm인 선분 1개로 모두 6+15=21(cm)이고,
더 그려야 할 실선은 6 cm인 선분 2개, 5 cm인 선분 2개. 15 cm인 선분 2개로
모두 6×2+5×2+15×2=52(cm)입니다.
따라서 더 그려야 하는 실선은 점선보다
52-21=31(cm) 더 깁니다.

2 보이는 모서리는 길이가 같은 모서리가 3개씩 3쌍이므로 길이가 다른 세 모서리의 길이의 합은
51÷3=17(cm)입니다.
따라서 직육면체는 길이가 같은 모서리가 4개씩 3쌍 있으므로 모든 모서리의 길이의 합은
17×4=68(cm)입니다.

3 사용한 끈은 20 cm인 부분이 2번, 12 cm인 부분이 6번, 10 cm인 부분이 8번, 매듭으로 25 cm를 사용하였으므로 모두
20×2+12×6+10×8+25=217(cm)입니다.

4 1부터 23까지의 수 중에서 약수의 개수가 6개인 수는 12, 18, 20이므로 가능한 큰 곱은
1×20, 2×10, 4×5입니다.
따라서 1과 마주 보는 면에 20을 적고 수직인 면에 2와 10, 4와 5를 적을 수 있으므로 수직인 면에 적힌 수의 합은 2+10+4+5=21입니다.

5 큰 정육면체의 각 면에 한 면에만 색칠된 작은 정육면체가 3×3=9(개)씩 있습니다.
정육면체는 면이 6개이므로 한 면에만 색칠된 작은 정육면체는 9×6=54(개)입니다.
두 면에 색칠된 작은 정육면체는 큰 정육면체의 모서리마다 3개씩 있으므로 3×12=36(개),
세 면에 색칠된 작은 정육면체는 큰 정육면체의 꼭짓점에 1개씩 있으므로 8개가 있습니다.
따라서 색칠된 면이 있는 작은 정육면체는
54+36+8=98(개)입니다.

별해 (색칠된 면이 있는 작은 정육면체의 개수)
=(전체의 개수)-(색칠이 안된 정육면체의 개수)
=(5×5×5)-(3×3×3)
=98(개)

6 주어진 그림과 같이 자르면 자르기 전 정육면체의 한 꼭짓점 부분에 꼭짓점이 3개 생깁니다.

따라서 정육면체는 꼭짓점이 모두 8개이므로 주어진 그림과 같이 모든 꼭짓점 부분을 잘라서 생기는 입체도형의 꼭짓점은 $3 \times 8 = 24$(개)입니다.

7 ㉠과 ㉡의 합에는 3이 들어가지 않고 6이 두 번 들어갑니다.
따라서 ㉠+㉡=2+4+5+7+6+6=30입니다.

8 전개도를 접을 때 서로 맞닿는 변을 생각합니다.

9 빗금친 면을 바닥에 닿는 면으로 접으면 뚜껑 없는 정육면체가 됩니다. ①~⑨ 중 나머지 한 면이 될 수 있는 것은 빗금친 면과 평행이 되는 ①, ⑥, ⑦, ⑨로 모두 4가지입니다.

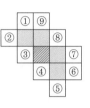

14 위에서 본 그림에 쌓아 올린 정육면체의 개수를 적으면 다음과 같습니다.

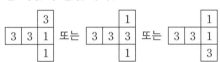

(정육면체를 최소로 쌓았을 때)

(정육면체를 최대로 쌓았을 때)

15 전개도에 각 꼭짓점의 기호를 써넣은 후 물이 닿은 부분을 그려 넣습니다.

16

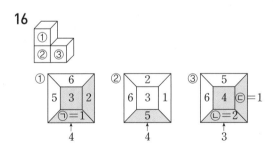

17 3과 수직인 면의 숫자는 1, 4, 5, 6이므로 반대 면의 숫자는 2입니다.
5와 수직인 면의 숫자는 2, 3, 4, 6이므로 반대 면의 숫자는 1입니다.
6과 수직인 면의 숫자는 1, 2, 3, 5이므로 반대 면의 숫자는 4입니다.

Jump⁴ 왕중왕문제

114~119쪽

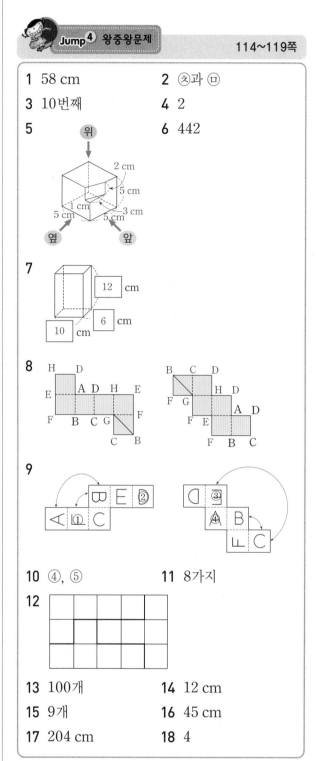

1 58 cm

2 ㉭과 ㉱

3 10번째

4 2

5

6 442

7

8

9

10 ④, ⑤

11 8가지

12

13 100개

14 12 cm

15 9개

16 45 cm

17 204 cm

18 4

1 길이가 긴 변이 많이 겹쳐질수록 전개도의 둘레가 짧습니다. 둘레가 가장 짧게 전개도를 그리면 다음과 같습니다.

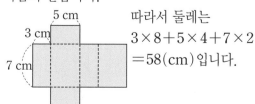

따라서 둘레는
$3 \times 8 + 5 \times 4 + 7 \times 2$
$= 58$(cm)입니다.

2 '점'이 써 있는 면의 왼쪽에 붙는 면이 ㅂ이므로 겹치는 면은 ㅂ과 마주 보는 면인 ㅊ입니다.
또 '프'가 써 있는 면의 오른쪽에 붙는 면이 ㄷ이므로 겹치는 면은 ㄷ과 마주 보는 면인 ㅁ입니다.

3

	첫 번째	두 번째	세 번째	…	9번째	10번째
작은 정육면체 전체 개수	$1\times1\times1$ $=1$	$2\times2\times2$ $=8$	$3\times3\times3$ $=27$	…	$9\times9\times9$ $=729$	10×10 $\times10$ $=1000$
한 면도 색칠 되지 않은 정육면체 개수	0	0	$1\times1\times1$ $=1$	…	$7\times7\times7$ $=343$	$8\times8\times8$ $=512$
한 면이라도 색칠된 정육면체 개수	1	8	$27-1$ $=26$	…	$729-343$ $=386$	$1000-512$ $=488$

따라서 한 면도 색칠되지 않은 작은 정육면체가 한 면이라도 색칠된 작은 정육면체의 개수보다 처음으로 많아지는 때는 10번째입니다.

4 색칠한 두 면에 (1, 6)이 올 수 없으므로 (2, 5)가 와야 하고, ㉮ 면의 눈이 5가 아니므로 2 입니다.

6 11과 수직인 면이 14, 17, 23, 26 이므로 11과 마주 보고 있는 수는 21입니다. 26과 수직인 면이 11, 14, 23이므로 마주 보고 있는 수는 17입니다. 17과 마주 보고 있는 수는 26이므로 $26\times17=442$입니다.

7 색칠한 부분을 잘라낸 모양으로 전개도를 만들어 봅니다.

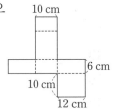

10 전개도를 접어서 만든 정육면체는 입니다.

①은 ┼ 와 ⊠ 의 위치가 바뀌었습니다.

②는 ⊠ 의 왼쪽 옆면이 ━ 가 │ 로 바뀌어야 합니다.

③은 ┼ 가 ╱ 으로 바뀌어야 합니다.

11
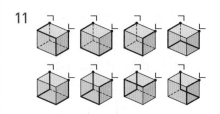

12 뚜껑이 없는 정육면체는 면이 5개입니다.

13 작은 정육면체 1개짜리 : $4\times4\times4=64$(개),
작은 정육면체 8개짜리 : $3\times3\times3=27$(개),
작은 정육면체 27개짜리 : $2\times2\times2=8$(개),
작은 정육면체 64개짜리 : 1개
➡ $64+27+8+1=100$(개)

14

한 모서리의 길이	1 cm	2 cm	3 cm	……
• 표시의 개수	$1\times4\times2$ $=8$(개)	$2\times4\times2+4$ $\times1=20$(개)	$3\times4\times2+4$ $\times2=32$(개)	……

+12개   +12개

한 모서리의 길이가 1 cm씩 늘어날 때마다 • 표시의 개수는 12개씩 늘어나는 규칙이 있습니다.
$(140-8)\div12=11$이므로 • 표시가 140개인 정육면체의 한 변의 길이는 $1+11=12$(cm)입니다.

15 구멍이 뚫린 정육면체를 층별로 나누어 색칠해 봅니다.

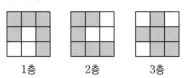

따라서 구멍이 뚫리지 않은 작은 정육면체는 $3+3+3=9$(개)입니다.

16 보이지 않는 모서리를 짧은 것부터 ㉠, ㉡, ㉢이 라 하면 $㉠\times㉡=20$, $㉠\times㉢=24$, $㉡\times㉢=30$ 입니다.
$㉠\times㉡\times㉠\times㉢\times㉡\times㉢$
$=20\times24\times30=14400$
$=120\times120$이므로
$㉠\times㉡\times㉢=120$이고 $㉢=120\div20=6$,
$㉡=120\div24=5$, $㉠=120\div30=4$입니다.
따라서 보이는 모서리의 길이의 합은
$6\times3+5\times3+4\times3=45$(cm)입니다.

17 전개도가 되도록 점선을 넣으면
가장 짧은 모서리는
$(50-18-18) \div 2 = 7 \text{(cm)}$이고,
가장 긴 모서리는 $40-7-7 = 26 \text{(cm)}$입니다.
따라서 만들 수 있는 직육면체의 모든 모서리의
길이의 합은
$18 \times 4 + 7 \times 4 + 26 \times 4 = 204 \text{(cm)}$입니다.

18 각각의 정육면체를 보고 오른쪽
그림에 숫자를 정리하면 맨 위의
정육면체는 ①의 위치에서 본 모
양이고, 가운데 층의 오른쪽 정육
면체는 ②의 위치에서 본 모양입
니다.

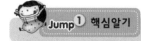

가운데 층의 왼쪽 정육면체는 ③의 위치에서, 맨
아래층 정육면체는 ④의 위치에서 본 모양입니다.
따라서 6의 맞은 편에 적힌 숫자는 4입니다.

Jump 5 영재교육원 입시대비문제　　　**120쪽**

1 2	2 140 cm

1

평행 평행

5	1	2	6
6	3	평행	3
5	6	2	1
4	6		2

왼쪽 그림과 같이 화살표를 따
라가면서 각 칸에 올 수를 적을
수 있습니다. 평행한 면끼리의
수의 합이 7인 점과 화살표를
따라 $180°$ 회전시키면 다시 자
기 자신이 된다는 점을 이용하
여 수를 적습니다.

2 정육면체의 개수에 따른 막대의 개수는 12, 20,
28, 36, ……, 108, 116, 124, ……이므로 막
대는 최대 116개까지 사용할 수 있습니다.
정육면체의 개수는
$(116-12) \div 8 + 1 = 14 \text{(개)}$입니다.
정육면체 14개를 만드는 데 필요한 공의 개수는
$8 + 4 \times 13 = 60 \text{(개)}$이므로 공은 충분합니다.
따라서 만들 수 있는 직육면체의 가로는
$10 \times 14 = 140 \text{(cm)}$입니다.

---

6 평균과 가능성

Jump 1 핵심알기　　　**122쪽**

1 92	2 637점, 91점
3 205 kg, 41 kg	4 5시간

1 기준 수가 92일 때 (90, 94), (106, 78)의 합을
2로 나누면 모두 92이므로 평균은 92입니다.

2 (점수의 합)
$= 96 + 88 + 92 + 87 + 94 + 82 + 98$
$= 637 \text{(점)}$
(평균)$= 637 \div 7 = 91 \text{(점)}$

3 (몸무게의 합)
$= 43 + 42 + 36 + 38 + 46$
$= 205 \text{(kg)}$
(평균)$= 205 \div 5 = 41 \text{(kg)}$

4 $35 \div 7 = 5 \text{(시간)}$

Jump 2 핵심응용하기　　　**123쪽**

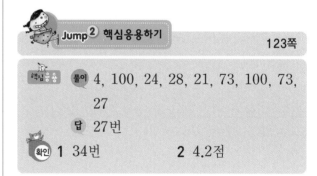

핵심응용　풀이　4, 100, 24, 28, 21, 73, 100, 73,
27
답　27번

확인　1 34번　　　2 4.2점

1 (상연이네 모둠의 줄넘기 기록의 합)
$= 15 + 32 + 19 + 26$
$= 92 \text{(번)}$
(예슬이네 모둠의 3회까지의 기록의 합)
$= 13 + 25 + 21$
$= 59 \text{(번)}$
따라서 예슬이네 모둠의 평균 기록이 상연이네
모둠의 평균 기록보다 더 많으려면 최소한 4회
에 $92 - 59 + 1 = 34 \text{(번)}$을 넘어야 합니다.

2 (석기의 평균 점수)
$= (87+92+96+90+92) \div 5$
$= 91.4$(점)
(신영이의 평균 점수)
$= (85+95+84+92+88) \div 5$
$= 88.8$(점)
(영수의 평균 점수)
$= (88+90+82+86+90) \div 5$
$= 87.2$(점)
(지혜의 평균 점수)
$= (92+82+88+84+94) \div 5$
$= 88$(점)
따라서 평균 점수가 가장 높은 사람과 가장 낮은 사람의 차는 $91.4-87.2=4.2$(점)입니다.

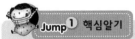 **Jump①** **핵심알기** 124쪽

1 15300원　　　　**2** 약 3.7명
3 한별이네 가족 수는 평균 가족 수보다 많으므로 많은 편입니다.

1 (총 저금액)$=12800 \times 3 + 19050 \times 2$
　　　　　　$=76500$(원)
(평균)$=76500 \div 5 = 15300$(원)

2 (한 가구당 평균 가족 수)
$=$ (총 가족 수) $\div$ (총 가구 수)
$= (5 \times 4 + 4 \times 10 + 3 \times 8 + 2 \times 2) \div 24$
$= 88 \div 24 = 3.66 \cdots$(명)

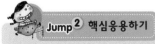 **Jump②** **핵심응용하기** 125쪽

핵심응용 풀이 41.3, 82.6, 43.5, 87, 40.6, 81.2,
82.6, 87, 81.2, 125.4, 용희,
125.4, 81.2, 44.2
답 용희, 44.2 kg

 1 25세　　　　　**2** 집 근처 문구점
3 12점

1 (직원 전체의 올해 나이의 합)
$= 35 \times (60 + 12)$
$= 2520$(세)
(새로 들어온 직원을 제외한 나머지 직원들의 올해 나이의 합)
$= 60 \times (36 + 1)$
$= 2220$(세)
(새로 들어온 직원들의 나이의 합)
$= 2520 - 2220$
$= 300$(세)
따라서 새로 들어온 직원들의 올해 평균 나이는 $300 \div 12 = 25$(세)입니다.

2 학교 앞 문구점에서는 $800 \times 10 = 8000$(원)에 공책 11권을 살 수 있고, 집 근처 문구점에서는 $800 \times 10 - 800 = 7200$(원)에 공책 10권을 살 수 있습니다. 공책 한 권당 가격을 비교해 보면 학교 앞 문구점은 $8000 \div 11 = 727.27 \cdots$(원), 집 근처 문구점은 $7200 \div 10 = 720$(원)입니다. 따라서 집 근처 문구점에서 사는 것이 더 이익입니다.

3 1회에서 2회까지의 점수의 합계는 $84 \times 2 = 168$(점), 1회에서 3회까지의 점수의 합계는 $87 \times 3 = 261$(점)입니다.
(3회 때의 점수)$= 261 - 168 = 93$(점),
(2회 때의 점수)$= 93 - 6 = 87$(점),
(1회 때의 점수)$= 168 - 87 = 81$(점),
(4회 때의 점수)$= 350 - 261 = 89$(점)
따라서 1회에서 4회까지의 점수 중 가장 높은 점수는 93점, 가장 낮은 점수는 81점이므로 점수의 차는 $93 - 81 = 12$(점)입니다.

 Jump① **핵심알기** 126쪽

1 확실하다　　　　**2** 반반이다
3 ~ 일 것 같다　　**4** 불가능하다
5 예 내일은 오시지 않을 것 같습니다.

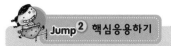

Jump 2 핵심응용하기 127쪽

핵심응용 풀이 365, 365, 370, 365, 확실하다

확인 1 ㉠, ㉣ **2** (1) ㉢ (2) ㉠, ㉡

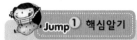

Jump 1 핵심알기 128쪽

1 ㉢ **2** 0, 1

3 (1) 1 (2) $\frac{1}{2}$ (3) $\frac{1}{3}$ (4) 0

Jump 2 핵심응용하기 129쪽

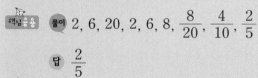 **풀이** 2, 6, 20, 2, 6, 8, $\frac{8}{20}$, $\frac{4}{10}$, $\frac{2}{5}$

답 $\frac{2}{5}$

 1 $\frac{2}{5}$ **2** 수학 문제, $\frac{1}{20}$

3 $\frac{1}{12}$

1 ㉮ 주머니에서 검은공이 나올 가능성은 $\frac{1}{5}$이고,

㉯ 주머니에서 검은공이 나올 가능성은 $\frac{3}{5}$이므로

검은공이 나올 가능성의 차는 $\frac{3}{5} - \frac{1}{5} = \frac{2}{5}$입니다.

2 수학 문제를 맞출 가능성은 $\frac{4}{5}$이고 국어 문제를

맞출 가능성은 $\frac{3}{4}$이므로 수학 문제를 맞출 가능성

이 $\frac{4}{5} - \frac{3}{4} = \frac{1}{20}$만큼 더 높습니다.

3 나오는 경우를 모두 생각해보면 (그림면, 1), (그림면, 2), (그림면, 3), (그림면, 4), (그림면, 5), (그림면, 6), (숫자면, 1), (숫자면, 2), (숫자면, 3), (숫자면, 4), (숫자면, 5), (숫자면, 6)의 12가지가 나올 수 있는데 (그림면, 6)이 나오는 경우는 1가지이므로 가능성은 $\frac{1}{12}$입니다.

Jump 3 왕문제 130~135쪽

1 14일	2 20분
3 4월 : 93점, 6월 : 97점	
4 8.8점	5 53점
6 83.3점	7 48 m
8 86점	9 ㉠ : ▼, ㉡ : ▲
10 750 m	11 한초, 2점
12 약 41.4 kg	13 상연
14 $\frac{3}{8}$	15 $\frac{2}{3}$
16 1120000원	17 $\frac{5}{12}$
18 $\frac{1}{48}$	

1 $(4 \times 3 + 7 \times 5 + 3 \times 3) \div 4 = 14$(일)

2 1시간 동안 걷는 평균 거리는

$(9+9) \div (2.5+3.5) = 3$(km)입니다.

즉, 3 km를 걷는 데 평균 60분이 걸리므로 1 km를 걷는 데는 $60 \div 3 = 20$(분)이 걸립니다.

별해 18 km를 가는 데 6시간=360분이 걸렸으므로 1 km를 가는데 걸린 시간은 $360 \div 18 = 20$(분)입니다.

3 (4월과 6월의 점수의 합) :

$94 \times 5 - (92 + 88 + 100) = 190$(점)

(4월의 점수)$= (190 - 4) \div 2 = 93$(점)

(6월의 점수)$= 93 + 4 = 97$(점)

4 2차 시험 점수가 8점보다 높은 학생들의 1차 시험 점수는 7점이 1명, 8점이 3명, 9점이 3명, 10점이 3명입니다.
따라서 학생 수는 10명이고 총점은
$(7 \times 1) + (8 \times 3) + (9 \times 3) + (10 \times 3) = 88$
(점)이므로 평균은 $88 \div 10 = 8.8$(점)입니다.

5
14번 ├──────────┤
15번 ├────────────┤ 2점 }합 : 108점

(14번과 15번의 점수의 합)
= (1번부터 15번까지 점수의 합) − (1번부터 13번까지 점수의 합)
$= 80 \times 15 - 84 \times 13 = 108$(점)
따라서 15번은 $(108 - 2) \div 2 = 53$(점)입니다.

6 (1학기의 국어 점수의 합) $= 84.5 \times 4 = 338$(점)
(2학기의 국어 점수의 합) $= 82.5 \times 6 = 495$(점)
따라서 1년 동안의 국어 성적의 평균은
$(338 + 495) \div (4 + 6) = 83.3$(점)입니다.

7 집에서 서점까지의 거리를 40 m와 60 m의 최소공배수인 120 m라 하면
갈 때 걸린 시간은 $120 \div 40 = 3$(분),
올 때 걸린 시간은 $120 \div 60 = 2$(분)입니다.
따라서 총 $120 + 120 = 240$(m)의 거리를 5분 만에 간 셈이므로 1분에 $240 \div 5 = 48$(m)를 가는 빠르기로 걸어간 셈입니다.

> 주의 평균 빠르기는 (총거리) ÷ (총 걸린 시간)으로 구할 수 있으므로
> $(40 + 60) \div 2 = 50$(m)로 구하지 않도록 합니다.

8
1회	2회	3회	4회	5회	6회	7회
80점	88점	84점	82점	93점	83점	92점

따라서 평균 점수는
$(80 + 88 + 84 + 82 + 93 + 83 + 92) \div 7$
$= 86$(점)입니다.

9 8회 점수가 90점이므로 9회와 10회의 점수의 합은 $89 \times 3 - 90 = 177$(점)입니다.
㉠ : ▲, ㉡ : ▲이라고 하면 9회 점수는 95점,
10회 점수는 102점 ➡ $95 + 102 = 197(\times)$
㉠ : ▼, ㉡ : ▼이라고 하면 9회 점수는 85점,
10회 점수는 78점 ➡ $85 + 78 = 163(\times)$

㉠ : ▲, ㉡ : ▼이라고 하면 9회 점수는 95점,
10회 점수는 88점 ➡ $95 + 88 = 183(\times)$
㉠ : ▼, ㉡ : ▲이라고 하면 9회 점수는 85점,
10회 점수는 92점 ➡ $85 + 92 = 177(○)$

10 홀수 개의 수를 같은 간격으로 늘어놓으면 가운데 수와 평균이 같습니다.

(예)
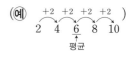

그러므로 5월 한 달 동안 달린 거리의 하루 평균인 1500 m는 31일의 가운데 날인 16일에 달린 거리와 같습니다.
(첫째 날 달린 거리) $+ 50 \times 15 = 1500$(m)이므로
(첫째 날 달린 거리) $= 1500 - 50 \times 15$
$= 750$(m)
입니다.

11 가영이의 5회까지의 점수의 합계는
$83 \times 5 = 415$(점)이고 한초의 5회까지의 점수의 합계는 $79 \times 5 = 395$(점)입니다.
5회까지의 점수는 가영이가 20점 더 높지만 6회 때 한초가 가영이보다 32점을 더 받았으므로 6회까지의 총점은 한초가
$32 - 20 = 12$(점) 더 높습니다. 따라서 평균은 한초가 $12 \div 6 = 2$(점) 더 높습니다.

12 효근이를 제외하고 왼쪽부터 차례로 3명의 몸무게의 합은 $42.1 \times 4 - 37.5 = 130.9$(kg)입니다.
마찬가지로 효근이를 제외하고 오른쪽부터 차례로 3명의 몸무게의 합은
$39.8 \times 4 - 37.5 = 121.7$(kg)입니다.
따라서 의자에 앉아 있는 7명의 평균 몸무게는
$(130.9 + 37.5 + 121.7) \div 7 = 290.1 \div 7$
$\qquad\qquad\qquad\qquad = 41.44\cdots\cdots$
➡ 약 41.4 kg입니다.

13 상연이는 처음에 $100000 \div 4000 = 25$(kg), 두 번째는 $100000 \div 5000 = 20$(kg)을 샀으므로 상연이가 두 번 산 꽃의 1 kg당 평균 가격은
$(100000 + 100000) \div (25 + 20) = 4444.4$
$\cdots\cdots$ ➡ 약 4444원입니다.
예슬이가 두 번 산 꽃의 1 kg당 평균 가격은
$(4000 + 5000) \div 2 = 4500$(원)입니다.

따라서 1 kg당 평균 가격을 비교했을 때 상연이가 더 싸므로 상연이가 꽃을 더 싸게 샀습니다.

14 전체 24개의 번호 중 4의 배수는 4, 8, 12, 16, 20, 24로 6개이고 5의 배수는 5, 10, 15, 20으로 4개입니다. 그런데 20은 4의 배수도 되고 5의 배수도 되므로 4의 배수 또는 5의 배수는 6+4−1=9(개)입니다.

따라서 4의 배수 또는 5의 배수일 가능성은 $\frac{9}{24}=\frac{3}{8}$입니다.

15 (석기, 가영)

➡ (가위, 가위), (가위, 바위), (가위, 보)
(바위, 가위), (바위, 바위), (바위, 보) }9가지
(보, 가위), (보, 바위), (보, 보)

9가지 중 비기는 경우가 3가지이므로 승부가 결정되는 경우는 6가지입니다.

따라서 바로 승부가 결정될 가능성은 $\frac{6}{9}=\frac{2}{3}$입니다.

16 28명이 12000원씩 적게 내므로 모두 28×12000=336000(원)을 적게 내게됩니다. 이 금액은 새로 더 모집된 12명이 낸 금액이므로 한 명당 버스비로 낸 금액은 336000÷12=28000(원)입니다.

따라서 여행을 가는 40명이 28000원씩 내게 되므로 버스 한 대를 빌리는 값은 28000×40=1120000(원)입니다.

17 일이 일어나는 모든 경우는 6×6=36(가지)입니다.

이 중에서 진분수가 되는 경우는 $\frac{1}{2}$, $\frac{1}{3}$, $\frac{2}{3}$, $\frac{1}{4}$, $\frac{2}{4}$, $\frac{3}{4}$, $\frac{1}{5}$, $\frac{2}{5}$, $\frac{3}{5}$, $\frac{4}{5}$, $\frac{1}{6}$, $\frac{2}{6}$, $\frac{3}{6}$, $\frac{4}{6}$, $\frac{5}{6}$로 1+2+3+4+5=15(가지)입니다.

따라서 진분수가 될 가능성은 $\frac{15}{36}=\frac{5}{12}$입니다.

18 ㉮ 회전판에서 바늘이 5에서 멈출 가능성은 $\frac{1}{6}$이고 ㉯ 회전판에서 바늘이 8에서 멈출 가능성은 $\frac{1}{8}$이므로 ㉮ 바늘이 5, ㉯ 바늘이 8에서 멈출 가능성은 $\frac{1}{6}×\frac{1}{8}=\frac{1}{48}$입니다.

Jump④ 왕중왕문제

136~141쪽

1 76점	**2** 3개
3 45	
4 은경 : 41점, 효근 : 94점	
5 82.4점	**6** 4.3점, 5명
7 83.75점	**8** 92점
9 11개	**10** 78.5점
11 국어 : 83점, 수학 : 94점, 사회 : 90점, 과학 : 88점	
12 $\frac{2}{27}$	**13** 88점
14 $\frac{3}{5}$	**15** $\frac{2}{3}$
16 $\frac{19}{66}$	**17** 4개
18 $\frac{5}{9}$	

1 첫 번째 조건에 의해 총점은 77×5=385(점)입니다. 네 번째 조건에 의해 ㉯는 ㉮와 ㉱ 사이에 있고 세 번째 조건에 의해 ㉣=㉯+13입니다. 낮은 점수부터 차례로 쓰면 ㉰−㉮−㉯−㉱−㉣이므로 ㉰의 점수는 68점입니다.

(㉮+㉱)÷2=㉯ ➡ ㉮+㉱=㉯×2이므로

㉮+㉯+㉰+㉣+㉱
=(㉯×2)+㉯+68+(㉯+13)
=385

➡ ㉯=(385−81)÷4=76(점)입니다.

2 아이스크림과 과자값의 합은 700×3+900×4=5700(원)이고, 아이스크림과 과자값의 평균이 810원이 되려면 아이스크림과 과자의 값의 합이 810×(3+4)=5670(원)이 되어야 합니다.

따라서 음료수의 개수는 (5700−5670)÷(810−800)=3(개)입니다.

3 5개의 자연수를 작은 순서대로 ㉠, ㉡, ㉢, ㉣, ㉤이라 하면 ㉠+㉡+㉢=35×3=105, ㉢+㉣+㉤=56×3=168, ㉠+㉡+㉢+㉣+㉤=45.6×5=228이므로 (㉠+㉡+㉢)+(㉢+㉣+㉤)−(㉠+㉡+㉢+㉣+㉤)=105+168−228=45입니다.

4 (8명의 전체 점수)=64×8=512(점)이므로 은경이와 효근이의 점수의 합은
512-(42+91+76+47+55+66)=135(점)입니다.
효근이의 점수가 다른 사람 점수의 2배이고 최고 점수일 때는 민정이의 점수의 2배일 때이므로 효근이의 점수는 47×2=94(점), 은경이의 점수는 135-94=41(점)입니다.

5 5명의 평균은 (5명의 점수의 합)÷5인데 높은 점수 2명과 낮은 점수 2명은 평균이 주어져 있어 합이 정해지므로 평균에 영향을 끼치지 않습니다. 그러므로 5명의 평균이 가장 낮은 경우는 세 번째 점수가 가장 낮을 때입니다.
평균이 76점인 경우는 (75점, 77점), (74점, 78점), …인데 이 중 낮은 점수 2명의 점수가 각각 75점, 77점일 때 세 번째 점수가 78점으로 가장 낮습니다.
따라서 가장 낮은 평균은
(76×2+78+91×2)÷5=82.4(점)입니다.

6 총점은 2×9+3×5+5×2=43(점)이고 시험 본 학생은 10명이므로 평균 점수는
43÷10=4.3(점)입니다.
10점인 학생 1명은 문제 A, B, C를 모두 맞힌 것이므로 각 문제를 맞힌 학생에서 1명씩 빼면 2점 : 8명, 3점 : 4명, 5점 : 1명이 됩니다.
이 중 5점인 학생이 5명이므로 5점 : 1명,
(2점+3점) : 4명을 각 문제를 맞힌 학생에서 빼면 2점 : 4명이 됩니다.
따라서 한 문제만 맞힌 학생은 5점 문제만 맞힌 학생 1명과 2점 문제만 맞힌 학생 4명이므로 모두 5명입니다.

7 40명의 총점은 40×65=2600(점)이므로 상위 10명의 평균은
(2600+30×25)÷(10+30)=83.75(점)입니다.

8 100명 전체의 평균이 62점이므로 100명의 총점은 62×100=6200(점)입니다.
100명 모두 합격자라고 하기 위해 불합격자 75명의 점수마다 40점씩을 더해 줍니다.
➡ 75×40=3000(점)

따라서 100명의 합격자의 총점은
6200+3000=9200(점)이므로 합격자의 평균 점수는 9200÷100=92(점)입니다.

9 먹은 4개의 귤의 평균 무게는
(112+117+113+119)÷4=115.25(g)이므로 남은 귤의 개수는
(117-115.25)×4÷(118-117)=7(개)입니다.
따라서 처음에 산 귤의 개수는 7+4=11(개)입니다.

10 남학생 수를 □명이라 하면
여학생 수는 (40-□)명입니다.
남학생들이 평균을 4점 올렸을 때 81점과 여학생들이 평균을 4점 올렸을 때 80점의 차는 1점이므로 이 때의 총점의 차는 40점입니다.
□×4=(40-□)×4+40
□×8=160+40=200
□=200÷8=25
따라서 학생들의 전체 평균 점수는
(81×40-25×4)÷40=78.5(점)입니다.

11 점수가 낮은 과목 순으로 나열하면 국어, 과학, 사회, 수학입니다.
국어+과학=171(점), 국어+사회=173(점),
사회+수학=184(점), 수학+과학=182(점)
에서 똑같은 과목에 사회를 더했을 때가 과학을 더했을 때보다 2점 높으므로 사회가 과학보다 2점 높다는 것을 알 수 있습니다.
(사회+과학)은 과학×2+2와 같으므로 남은 합 177점, 178점 중 짝수인 178점이고 과학은
(178-2)÷2=88(점)입니다.
따라서 국어는 83점, 수학은 94점, 사회는 90점입니다.

12 세 사람은 가위, 바위, 보 중에서 한 가지를 낼 수 있으므로 나올 수 있는 모든 경우는
3×3×3=27(가지)입니다.
승부가 나지 않으려면 세 사람이 모두 같은 것을 내거나 모두 다른 것을 내야 합니다.
• 세 사람이 모두 같은 것을 내는 경우 : (가위, 가위, 가위), (바위, 바위, 바위), (보, 보, 보)
➡ 3가지

• 세 사람이 모두 다른 것을 내는 경우 : (가위, 바위, 보), (가위, 보, 바위), (바위, 가위, 보), (바위, 보, 가위), (보, 가위, 바위), (보, 바위, 가위) ➡ 6가지

따라서 가위바위보를 한 번 했을 때 승부가 나지 않을 가능성은 $\frac{9}{27}=\frac{1}{3}$ 이고 승부가 날 가능성은 $1-\frac{1}{3}=\frac{2}{3}$ 입니다.

그러므로 세 번째에서 승부가 날 가능성은 $\frac{1}{3}\times\frac{1}{3}\times\frac{2}{3}=\frac{2}{27}$ 입니다.

13 가장 높은 점수를 뺀 5명의 평균이 가장 낮은 점수를 뺀 5명의 평균보다 1.6점이 낮으므로 가장 낮은 점수는 가장 높은 점수보다 $5\times1.6=8$(점)이 낮습니다.

(6명의 점수의 총합)$=91.5\times6=549$(점)

(가장 높은 점수와 가장 낮은 점수의 합)
$=549-(91+94+90+90)=184$(점)

따라서 가장 낮은 점수가 가장 높은 점수보다 8점 낮으므로
(가장 낮은 점수)$=(184-8)\div2=88$(점)입니다.

14 만들 수 있는 자연수는 12, 13, 14, 15, 21, 23, 24, 25, 31, 32, 34, 35, 41, 42, 43, 45, 51, 52, 53, 54로 모두 20개이고 이 중 홀수는 13, 15, 21, 23, 25, 31, 35, 41, 43, 45, 51, 53으로 12개이므로 홀수일 가능성은 $\frac{12}{20}=\frac{3}{5}$ 입니다.

15 십의 자리 숫자는 1부터 6까지, 일의 자리 숫자도 1부터 6까지 6개씩 놓일 수 있으므로 만들 수 있는 두 자리 자연수는 $6\times6=36$(개)입니다.

이중에서 30보다 큰 자연수는 $6\times4=24$(개)이므로 두 자리의 자연수가 30보다 클 가능성은 $\frac{24}{36}=\frac{2}{3}$ 입니다.

16 • 일이 일어날 모든 경우는 공의 수가 $3+4+5=12$(개) 중에서 2개를 꺼내는 경우입니다.

(모든 경우의 수)$=12\times11=132$(가지)

• 분수의 크기가 1이 되기 위해서는 분모와 분자가 같은 경우입니다.

2가 쓰인 공 2개를 꺼내는 경우 : $3\times2=6$(가지)
3이 쓰인 공 2개를 꺼내는 경우 : $4\times3=12$(가지)
4가 쓰인 공 2개를 써내는 경우 : $5\times4=20$(가지)
(분모와 분자가 같은 경우)$=6+12+20$
$\qquad\qquad\qquad\qquad=38$(가지)

• (만들어질 분수의 크기가 1이 될 가능성)
$\qquad=\frac{38}{132}=\frac{19}{66}$

17 (주머니 속의 공의 개수)$=8\times4=32$(개)

(숫자 3이 적혀 있는 공의 개수)$=32\times\frac{5}{8}$
$\qquad\qquad\qquad\qquad\qquad=20$(개)

따라서 숫자 5가 적혀 있는 공의 개수는 $32-(8+20)=4$(개)입니다.

18 만들 수 있는 두 자리 수는 $9\times8=72$(개)입니다.

50보다 큰 수는 51~59(55는 제외) : 8개,
61~69(66은 제외) : 8개,
71~79(77은 제외) : 8개,
81~89(88은 제외) : 8개,
91~98 : 8개이므로 모두 $8\times5=40$(개)입니다.

따라서 만든 수가 50보다 클 가능성은 $\frac{40}{72}=\frac{5}{9}$ 입니다.

별해 50보다 큰 수가 되려면 십의 자리 숫자가 5 이상이어야 합니다.
전체 숫자 카드 9장 중에서 5 이상의 숫자는 5장이므로 십의 자리 숫자가 5 이상이 나올 가능성은 $\frac{5}{9}$ 입니다.

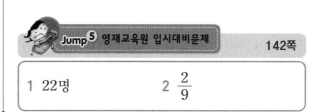

Jump⁵ 영재교육원 입시대비문제   142쪽

1 22명	2 $\frac{2}{9}$

1 30명의 총점은 $53 \times 30 = 1590$(점)이고 40점과 80점을 받은 학생 수의 합은
$30 - (0+3+3+7+8) = 9$(명)이므로
이 학생들이 받은 점수의 합은
$1590 - (0+10 \times 3+30 \times 3+50 \times 7+70 \times 8)$
$= 560$(점)입니다. 9명 모두 40점을 받았다고 하면 점수의 합이 $40 \times 9 = 360$(점)이므로 80점을 받은 학생은
$(560-360) \div (80-40) = 5$(명),
40점을 받은 학생은 $9-5=4$(명)입니다.

점수(점)	0	10	3	40	50	70	80
학생 수(명)	0	3	8	4	7	8	5
맞힌 문제 번호(번)		(1)	(2)	(1, 2) 또는 ③	(1, 3)	(2, 3)	(1, 2, 3)

2번 문제를 맞힌 학생은 30점을 받은 3명, 40점을 받은 4명 중 몇 명, 70점을 받은 8명, 80점을 받은 5명인데 주어진 표에서 2번 문제를 맞힌 학생 수가 총 18명이므로 40점을 받은 학생 중 1번, 2번 문제를 맞혀서 40점을 받은 학생은 $18-(3+8+5)=2$(명)입니다.
따라서 3번 문제를 맞힌 학생은 40점을 받은 2명, 50점을 받은 7명, 70점을 받은 8명, 80점을 받은 5명이므로
$2+7+8+5=22$(명)입니다.

2 주사위를 두 번 던져 점 ㉮가 꼭짓점 ㄷ에 오기 위해서는 두 눈의 합이 2, 7, 12가 되어야 합니다.
주사위 두 번을 던졌을 때 눈이 나오는 경우는
$(1, 1)$ $(1, 2)$ $(1, 3)$ $(1, 4)$ $(1, 5)$ $(1, 6)$
$(2, 1)$ $(2, 2)$ $(2, 3)$ $(2, 4)$ $(2, 5)$ $(2, 6)$
$(3, 1)$ $(3, 2)$ $(3, 3)$ $(3, 4)$ $(3, 5)$ $(3, 6)$
$(4, 1)$ $(4, 2)$ $(4, 3)$ $(4, 4)$ $(4, 5)$ $(4, 6)$
$(5, 1)$ $(5, 2)$ $(5, 3)$ $(5, 4)$ $(5, 5)$ $(5, 6)$
$(6, 1)$ $(6, 2)$ $(6, 3)$ $(6, 4)$ $(6, 5)$ $(6, 6)$
이므로 36가지이며 이 중에서 합이 2인 경우는 $(1, 1)$으로 1가지입니다.
합이 7인 경우는 $(1, 6)$ $(2, 5)$ $(3, 4)$ $(4, 3)$ $(5, 2)$ $(6, 1)$로 6가지이고 합이 12인 경우는 $(6, 6)$으로 1가지입니다.
따라서 점 ㉮가 꼭짓점 ㄷ에 오게될 가능성은
$\dfrac{1+6+1}{36} = \dfrac{8}{36} = \dfrac{2}{9}$입니다.

동영상강의 QR코드

1 수의 범위와 어림하기

 **Jump 3 왕문제**

1	2	3	4	5	6

7	8	9	10	11	12

13	14	15	16	17	18

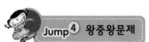 **Jump 4 왕중왕문제**

1	2	3	4	5	6

7	8	9	10	11	12

13	14	15	16	17	18

동영상강의 QR코드

Jump 5 영재교육원 입시대비문제

1	2

2 분수의 곱셈

Jump 3 왕문제

1	2	3	4	5	6

7	8	9	10	11	12

13	14	15	16	17	18

Jump 4 왕중왕문제

1	2	3	4	5	6

7	8	9	10	11	12

동영상강의 QR코드

13

14

15

16

17

18

Jump 5 영재교육원 입시대비문제

1

2

3 합동과 대칭

Jump 3 왕문제

1

2

3

4

5

6

7

8

9

10

11

12

13

14

15

16

17

18

19

동영상강의 QR코드

1	2	3	4	5	6

7	8	9	10	11	12

13	14	15	16	17	18

19

1	2

4 소수의 곱셈

1	2	3	4	5	6

동영상강의 QR코드

7	8	9	10	11	12

13	14	15	16	17	18

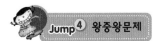

Jump 4 왕중왕문제

1	2	3	4	5	6

7	8	9	10	11	12

13	14	15	16	17	18

Jump 5 영재교육원 입시대비문제

1	2

5 직육면체

 Jump ③ 왕문제

1	2	3	4	5	6

7	8	9	10	11	12

13	14	15	16	17	18

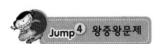 Jump ④ 왕중왕문제

1	2	3	4	5	6

7	8	9	10	11	12

13	14	15	16	17	18

동영상강의 QR코드

 Jump 5 영재교육원 입시대비문제

1

2

6 평균과 가능성

 Jump 3 왕문제

1   **2**   **3**   **4**   **5**   **6**

7   **8**   **9**   **10**   **11**   **12**

13   **14**   **15**   **16**   **17**   **18**

 Jump 4 왕중왕문제

1   **2**   **3**   **4**   **5**   **6**

7   **8**   **9**   **10**   **11**   **12**

동영상강의 QR코드

13

14

15

16

17

18

Jump 5 영재교육원 입시대비문제

1

2

정답과 풀이

5·2

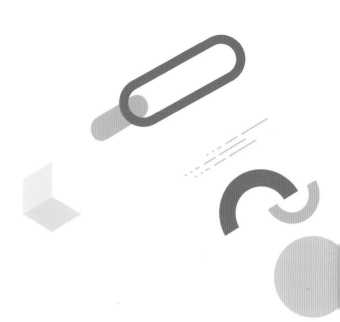

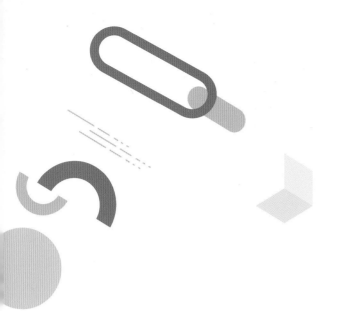

초등
왕수학